U0519331

网页设计与制作项目化实训教程

主 编 吴 蓓 陈桂芳 雷 莹

副主编 孙继荣 刘 波 高艳丽

西南财经大学出版社

中国·成都

图书在版编目(CIP)数据

网页设计与制作项目化实训教程／吴蓓,陈桂芳,
雷莹主编;孙继荣,刘波,高艳丽副主编.--成都:
西南财经大学出版社,2025.1.--ISBN 978-7-5504-6582-4

Ⅰ. TP393.092.2
中国国家版本馆 CIP 数据核字第 20257FA251 号

网页设计与制作项目化实训教程

WANGYE SHEJI YU ZHIZUO XIANGMUHUA SHIXUN JIAOCHENG

主　编　吴　蓓　陈桂芳　雷　莹
副主编　孙继荣　刘　波　高艳丽

策划编辑:邓克虎
责任编辑:肖　翀
责任校对:徐文佳
封面设计:张姗姗
责任印制:朱曼丽

出版发行	西南财经大学出版社(四川省成都市光华村街 55 号)
网　　址	http://cbs.swufe.edu.cn
电子邮件	bookcj@swufe.edu.cn
邮政编码	610074
电　　话	028-87353785
照　　排	四川胜翔数码印务设计有限公司
印　　刷	四川煤田地质制图印务有限责任公司
成品尺寸	185 mm×260 mm
印　　张	15.375
字　　数	372 千字
版　　次	2025 年 1 月第 1 版
印　　次	2025 年 1 月第 1 次印刷
印　　数	1— 2000 册
书　　号	ISBN 978-7-5504-6582-4
定　　价	42.00 元

前 言

　　网页设计与制作在当今数字化时代至关重要,是企业展示形象、推广产品的重要渠道,是个人展示才华、分享信息的重要平台。精美的网页设计能够吸引用户注意、增强用户体验,有助于传达信息、增加互动性。通过专业的网页设计与制作,可以实现信息传播、商业营销、文化交流等多种功能,对于个人、企业及社会都具有重要意义。在这样一个背景下,学习网页设计与制作不仅是为了掌握技能,更是为了提升自己的文化修养、思想素质和社会责任感。

　　《网页设计与制作项目化实训教程》一书梳理了8个典型主题页面任务,从内容安排、知识点组织、教与学、做与练等多方面体现了高职教育特色,针对网页设计初学者经常遇到的问题,给出解决方案,配备详实的代码和解析说明,符合高职学生的学习特点。同时,有机融入"庆祝中国共产党成立一百周年""厉害了,我的国""纪念中国工农红军长征胜利80周年""大国工匠""社会主义核心价值观"等八大思政主题,以培养学生的良好品德、社会责任感和创新能力,引导学生树立正确的价值观和世界观。希望每一位学生在学习和实践中能够综合发展,做到技术与能力、思想与品德的统一,成为具备扎实实践能力和优秀思想素养的网页设计与制作者,积极响应党的二十大报告提出的"全面贯彻党的教育方针,落实立德树人根本任务,培养德智体美劳全面发展的社会主义建设者和接班人"这一号召,为推动网络文化建设和社会进步做出积极贡献。

　　本书共有8个实训项目,每个实训项目分解为4个阶段——任务初探、任务进阶、任务攻坚、项目总结。若完成每个阶段子任务的设计与编码,学生就可以实现该实训项目的页面效果。

　　本书主要内容及参考学时如表1所示。

表1　本书主要内容及参考学时

项目	主题	主要知识	学时
项目一	"庆祝中国共产党成立一百周年"主题页制作	Web 标准及基本概念,掌握 HTML 文档结构、HTML 文档头部相关标记、文本控制标记、图像标记	8
项目二	"厉害了,我的国"主题页制作	CSS 样式规则、CSS 字体样式及文本外观属性、复合选择器、CSS 层叠性、继承性与优先级	8

表1(续)

项目	主题	主要知识	学时
项目三	"纪念中国工农红军长征胜利 80 周年"主题页制作	盒子模型的概念、相关属性、背景属性、元素的类型与转换	8
项目四	"大国工匠"主题页制作	元素的浮动与定位、清除浮动的方法	8
项目五	"社会主义核心价值观"主题页制作	无序列表、有序列表及定义列表标记,列表的嵌套、超链接标记、链接伪类	8
项目六	"家乡美"主题页制作	表格的创建、表格样式的控制、表单相关标记、表单样式的控制	8
项目七	"致敬战'疫'英雄"主题页制作	音频和视频标记、相关属性等	8
项目八	"科技强国"主题展厅主题页制作	"科技强国"主题展厅主题页整体设计与实现	8
合计			64

　　本书由四川华新现代职业学院的吴蓓副教授、陈桂芳、雷莹担任主编,由四川华新现代职业学院的孙继荣副教授、高艳丽副教授和四川开放大学的刘波教授担任副主编。全书由吴蓓、高艳丽统稿。由于编者水平有限,书中不妥之处敬请读者批评指正。

编者

2024 年 7 月

目 录

项目三　"纪念中国工农红军长征胜利 80 周年"主题页制作 ········ (49)

项目四　"大国工匠"主题页制作 ········ (78)

网页设计与制作项目化实训教程

项目一 "庆祝中国共产党成立一百周年"主题页制作

【主题介绍】

　　清末民初,中国处于风雨如磐、长夜难眠的黑暗时期,列强侵略、军阀混战、政治腐败、民不聊生。1921年,共产主义的伟大旗帜点燃了神州大地上的星星革命之火。从此,中华儿女们的理想有了归依,有了值得托付的导航人——中国共产党。

　　这一百年,中国共产党领导我们建立了社会主义制度,实现了中国最广泛最深刻的社会变革,我国的政治、经济、文化等飞速发展,综合国力和国际影响与日俱增。

　　我们将利用所学的网页制作知识,为中国共产党成立一百周年制作一张精美的网页,表达对党的热爱。

【知识目标】

　　1. 掌握 HTML 文档基本格式,能够书写规范的 HTML 网页。

　　2. 掌握标题、段落及文字标记,可以合理地使用它们来定义网页元素。

　　3. 掌握图像标记,学会制作图文混排页面。

【技能目标】

　　1. 能够书写规范的 HTML 网页。

　　2. 可以合理地使用标题、段落及文字标记来定义网页元素。

　　3. 能够使用 div 容器进行页面布局。

　　4. 能够制作图文混排页面。

【素养目标】

　　1. 培养依据行业规范进行编码的习惯。

　　2. 熟悉页面创建的流程。

　　3. 提升学生实际应用能力。

　　4. 不断打磨良好的团队沟通与协作能力。

　　5. 培养自主探究、勇于创新的设计思维能力。

【思政目标】

　　回顾中国共产党百年奋斗的光辉历程,展望中华民族伟大复兴的光明前景,增强爱国爱党情感。

1 阶段1:任务初探

1-1 【任务分析】

任务分析是网页开发的前提与基础,任务分析重点要解决"做什么",分成哪些模块,需要哪些技能点。图1-1为主题页面效果。

图1-1 主题页面效果

(网页素材资料来源:"学习强国"网站)

1. 准备工作与页面布局

(1)准备工作

在HBuilderX中建立项目,命名为project-1,将图片素材拷贝到项目的img文件夹中。

具体步骤:

打开HBuilderX软件,新建项目。常用的方法有两种:一是利用"文件"菜单的"新建"选项中的"项目"菜单;二是在主界面中心的快捷菜单中选"新建项目",如图1-2所示。

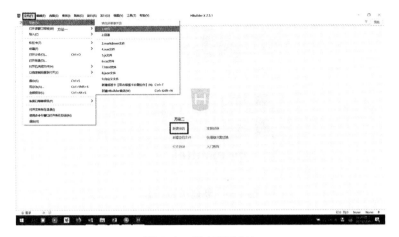

图 1-2　新建项目(1)

在弹出的对话框中,选择"普通项目",输入项目名称"project-1",自定义存放的路径,在"选择模板"中选择"基本 HTML 项目",点击"创建"按钮即可,如图 1-3 所示。

图 1-3　新建项目(2)

在左侧的任务窗格中就能看到创建好的项目文件了,如图 1-4 所示。

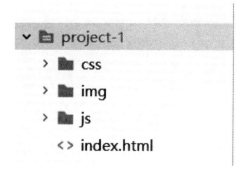

图 1-4 新建项目(3)

然后将网页图片素材拷贝到"img"文件夹中,双击"index.html",在打开的编码区域准备书写网页代码,如图 1-5 所示。

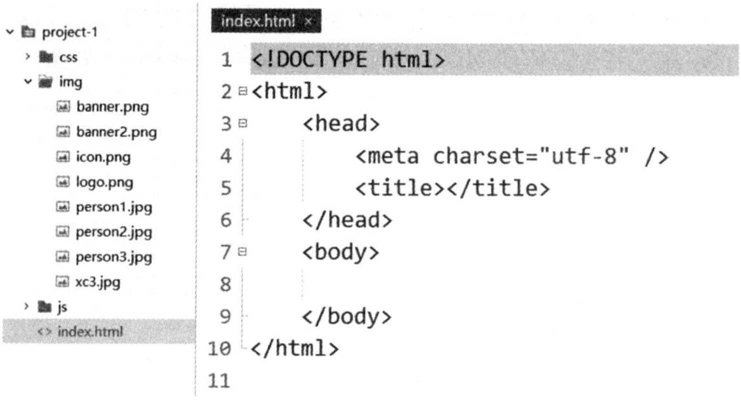

```
index.html ×
1  <!DOCTYPE html>
2  <html>
3      <head>
4          <meta charset="utf-8" />
5          <title></title>
6      </head>
7  <body>
8
9  </body>
10 </html>
11
```

图 1-5 拷贝图片素材

(2)页面布局分析

根据网页效果图,可以将"庆祝中国共产党成立一百周年"主题页从上到下分为 5 个模块——头部模块、时政新闻模块、现场照片模块、网友交流模块和页脚模块,如图 1-6 所示。

图 1-6　页面布局分析

2. 知识准备

根据网页设计样图分析,本次主题网页的训练重点是 HTML 文本格式化、图片格式化和图文混排。

(1)HTML 中常用的几种文本标记

• <h1>至<h6>标记:双标记,用于定义标题,表示不同级别的标题,其中<h1>为最高级标题,<h6>为最低级标题;能让网页中的文字加粗、字号变大或变小、强制换行。常用属性:align,用于设置标题文字的对齐方式,可取值为 left(左对齐)、right(右对齐)、center(居中对齐)。

例1:

```
<html>
<head>
    <title>段落示例</title>
</head>
<body>
    <h1>这是 h1 标记的标题</h1>
    <h2 align="left">这是 h2 标记的标题</h2>
    <h3 align="center">这是 h3 标记的标题</h3>
```

```
        <h4 align="right">这是 h4 标记的标题</h4>
        <h5>这是 h5 标记的标题</h5>
        <h6>这是 h6 标记的标题</h6>
</body>
</html>
```

● <p>:双标记,定义段落,用于将一段文字组织为一个完整的段落。常用属性:align,用于设置段落文字的对齐方式,可取值为 left(左对齐)、right(右对齐)、center(居中对齐)。

例 2:

```
<html>
<head>
    <title>段落示例</title>
</head>
<body>
    <p>这是第一个段落,用于展示段落标记的使用,默认左对齐。</p>
    <p align="center">这是第二个段落,设置了居中对齐。</p>
    <p align="right">这是第二个段落,设置了右对齐。</p>
</body>
</html>
```

● <strong>:双标记,用于加粗文本,表示强调重点内容。

● <em>:双标记,用于斜体文本,表示强调内容的重要性。

● <ins>:双标记,用于给文本添加下划线。

● <del>:双标记,用于表示被删除的文字。

●
:单标记,用于文字强制换行,等同于回车键效果。

例 3:

```
<html>
<head>
    <title>标记示例</title>
</head>
<body>
    <strong>这是加粗文本</strong>,而这段文字使用<em>斜体</em>标记。
    <br/>
    下面的文字是<ins>插入的</ins>内容,而这段文字是<del>删除的</del>
内容。
</body>
</html>
```

• <font>：双标记，用于设置文字的字体、颜色、大小。常用属性：face，表示字体；size，取值 1 至 7，表示字号；color，取值颜色英文单词或 RGB 值，表示颜色。

例 4：

```
<html>
<head>
    <title>font 标记示例</title>
</head>
<body>
    <font face="黑体" size="6" color="red">
    我们是一个团体，不会丢下谁，不会落下谁。共同奋进！！
    </font>
    <font face="楷体" size="1" color="#ccc">
    这部分文字是楷体，1 号大小，灰色。
    </font>
    <font size="3">
    font 标记的三个属性可以根据需要使用其中一个或多个，默认为宋体，黑色。
    </font>
</body>
</html>
```

（2）图片标记

HTML 中用于插入图片的标记是<img/>，它是单标记。

<img/>标记的常用属性包括：

• src：指定图片的路径，可以是相对路径或绝对路径。

• alt：指定图片的替代文本，用于在图片无法加载时显示或辅助阅读。

• width：指定图片的宽度，可以使用像素值或百分比。

• height：指定图片的高度，同样可以使用像素值或百分比。

• title：指定图片的标题，鼠标悬停在图片上时会显示该文本。

• align：指定图片的对齐方式，可取值为 left（左对齐）、right（右对齐）、center（居中对齐）等。

• border：指定图片的边框宽度，以像素为单位。

例 5：

```
<html>
<head>
    <title>图像示例</title>
</head>
<body>
```

```
    <img src="https://example.com/image.jpg" alt="这是一个图片"
    width="200" height="150" title="图片标题" align="right"/>
  </body>
  </html>
```

在上面的示例中, <img/>标记用来插入一张图片。其中,src 属性指定了图片的来源链接(这里是绝对路径),alt 属性提供了图片的替代文本,width 和 height 属性定义了图片的宽度和高度,title 属性显示了鼠标悬停在图片上时显示的标题,align 属性设置了图片在文本中的对齐方式(本例中设置为右对齐)。这些属性可以帮助页面更好地展示图片,并提供一些附加信息,如替代文本和标题。

(3)水平分割线标记

<hr/>标记通常会在段落、标题等内容之间进行分割,用于展示一种视觉上的间隔效果。

常用的属性:

• size:指定水平分割线粗细,以像素为单位。

• align:指定水平分割线的对齐方式,可取值为 left(左对齐)、right(右对齐)、center(居中对齐)等。

• width:指定水平分割线的粗细,以像素或百分比为单位。

• color:指定水平分割线的颜色,取值为英文单词或 RGB 值。

例6:

```
<html>
<head>
    <title>水平分割线示例</title>
</head>
<body>
    <p>这是第一个段落</p>
    <hr size="5" />
    <p>这是第二个段落</p>
    <hr color="red" width="300"/>
    <p>这是第三个段落</p>
    <hr align="left" width="80%" color="#333" size="3"/>
    <p>这是第四个段落</p>
</body>
</html>
```

在上面的示例中,使用<hr/>标记分别演示了 3 条水平分割线:第一条水平分割线粗度 5,与浏览器窗口宽度一致;第二条水平分割线较细,红色,宽度 300,居中,与浏览器窗口大小变化无关;第三条水平分割线粗度 3,左对齐,占浏览器窗口大小的 80%,并会随着浏览器窗口大小变化,灰色。

(4)常用特殊字符

在 HTML 中,有些特殊字符由于具有特殊含义,不能直接在文本中使用,需要使用特殊字符来表示。下面是一些常用的特殊字符及其对应的实体表示:

- <(小于号):<
- >(大于号):>
- 版权符号:©
- ©(注册商标符号):®
- ™(商标符号):™
- 空格符号:

(5)div 标记

<div>标签定义 HTML 文档中的一个分隔区块或者一个区域部分。

(6)注释语句

<! -- -->,可以在 HTML 文档中添加注释,增加代码的可读性,便于以后维护和修改。访问者在浏览器中是看不见这些注释的,只有在用文本编辑器打开文档源代码时才可见。

例 7:

```
<html>
<head>
    <title>在网页中添加注释</title>
</head>
<body>
    <p>这是一个段落</p>
    <! --这是一个注释,无法在浏览器中看到-->
</body>
</html>
```

1-2 【任务演示】

制作头部模块,效果如图 1-7 所示。

首页 | 登录 | 注册

图 1-7 头部模块样图

1. 效果分析

根据头部模块效果图可以看出其是由一张 logo 图片和导航文字组成。文字靠右对齐,文字间有间距,是常见的图文混排。

2. html 代码实现

其网页参考代码如下:

```
<!--头部模块-->
<div >
    <img src="img/logo.png" align="left"/>
    <p align="right">首页    |   登录    |   注册
    </p>
</div>
```

1-3 【知识扩展】

1. "|"竖线的输入:shift 键+\符号。

2. 关于图文混排,经常会遇到图左文右的布局,有多种解决方法,比如利用浮动,利用 div+css 实现。现阶段我们作为初学者,可以通过<img/>标记的 align 属性,设置属性值为 left 来实现。

2 阶段 2:任务进阶

2-1 【任务分析】

根据网页效果图,实现"时政新闻"模块,主要训练要点包括水平分割线设置、图文混排和文字样式设置,如图 1-8 所示。

图1-8 "时政新闻"模块效果图

　　"时政新闻"模块结构与"头部"模块类似,左图右文,文字部分格式更复杂,包括标题文字、段落文字、普通文字。我们需要熟练运用各文字标记的对齐方式、字号大小、颜色、加粗等属性综合完成设计。

2-2 【任务实施】

网页参考代码如下:

```
<!--"时政新闻眼"模块-->
<hr color="#CCC" />
<div>
    <img src="img/banner.png" align="left" vspace="12"/>
    <div>
        <p align="center">
            <strong>
            <font face="微软雅黑" size="6" color="orange">时政</font>
                <font face="微软雅黑" size="7" color="orange">新闻</font>
                <font face="微软雅黑" size="6" color="orange">眼</font>
            </strong>
        </p>
        <p>
```

    7 月 1 日上午,中国以一场盛大仪式,欢庆中国共产党百年华诞。习近平总书记在庆祝大会上发表重要讲话。他说:"今天,在中国共产党历史上,在中华民族历史上,都是一个十分重大而庄严的日子。"亲历这一天,回望百年路,展望新征程,能够更深刻地领悟这个政党的初心与雄心,读懂这个日子的重大和庄严。

  </p>
  <p>

         中国共产党历来重视建党周年纪念和庆祝活动。

    <ins><em><strong><font color="#009933">

   1941 年 6 月

   </font></strong></em></ins>

   中共中央发出《关于中国共产党诞生二十周年、抗日四周年纪念指示》,要求"各抗日根据地应分别召集会议,采取各种办法,举行纪念,并在各种刊物出特刊或特辑"。这一文件正式将

    <ins><em><strong><font color="#009933">

   7 月 1 日

   </font></strong></em></ins>

   作为中国共产党成立纪念日。

    <ins><strong><font color="#F90">……[详细]</font></strong></ins>

  </p>

  <h2>党的周年庆祝大会首次在天安门广场举行</h2>

  <p>

  <em>

   <font color="#666666">

    2021.07.01   来源:央视新闻

   </font>

   </em>

  </p>

 <hr color="#CCC" />

  <p>

        人民大会堂在 1959 年竣工后,中国共产党一系列周年庆祝大会都选择在人民大会堂举行。今年正逢建党百年,庆祝大会首次改在天安门广场举行,共有各界代表 7 万余人参加。

  </p>

  <img src="img/banner2.png" alt="" width="1100"/>

  </div>

 </div>

2-3 【知识扩展】

1. 对比按照“时政新闻”模块参考代码制作的网页与样图，可以发现，图片与文字之间的间距过紧，如图 1-9 所示。

时政新闻眼
党的周年庆祝大会首次在天安门广场举行
2021.07.01　来源：央视新闻

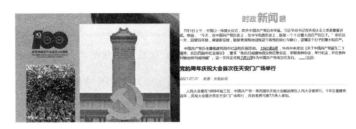

图 1-9　图文距离过紧

现阶段可以通过<img hspace="value" />用于指定图像左右两侧的空白，value 取值以像素为单位，注意：HTML 4.01 Strict 和 XHTML 1.0 Strict DTD 均不支持此属性，在学习了 CSS 后，请用 CSS 作为替代。

2. 对比以下两种写法的网页效果，说说有什么区别，解释原因。

<ins><font color="#009933">写法 1</font></ins>

<font color="#009933"><ins>写法 1</ins></font>

3　阶段 3：任务攻坚

3-1 【任务分析】

1. 根据网页效果图，实现“网友交流”模块，主要训练要点包括水平分割线设置、图文混排和文字样式设置，如图 1-10 所示。

学习观点
HXZ9_IT
伟大的中国共产党万岁！
外星人
一百年的征程，谱写新的辉煌！
so_cool
请党放心，强国有我青年一代！

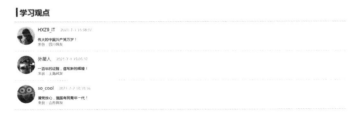

图 1-10　“网友交流”模块

2. 根据网页效果图，实现“页脚”模块，主要训练要点为段落和文字样式设置，如图 1-11所示。

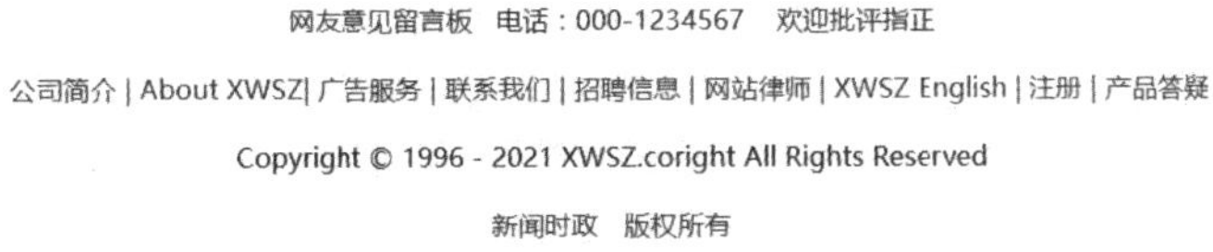
网友意见留言板　电话：000-1234567　欢迎批评指正
公司简介 | About XWSZ| 广告服务 | 联系我们 | 招聘信息 | 网站律师 | XWSZ English | 注册 | 产品答疑
Copyright © 1996 - 2021 XWSZ.coright All Rights Reserved
新闻时政　版权所有

图 1-11　“页脚”模块

3-2 【实践训练】

1. 通过观察,可以对"网友交流"模块的第一条评论做结构划分,如图 1-12 所示。

图 1-12 "网友交流"模块结构分析

根据结构分析,可以分析出 HTML 代码结构,参考代码结构如下:

```
<div><!--"网络交流"模块外层 div-->
    <img/><!--栏目名称图片-->
    <hr/><!--水平分割线-->
    <div><img/></div><!--网友头像所在的 div 和图片-->
    <div><!--头像右侧的文字信息所在的 div-->
        <p><font></font></p><!--段落 1:网友名称、发布评论时间-->
        <p><font></font></p><!--段落 2:评论内容-->
        <p><font></font></p><!--段落 3:ip 信息-->
    </div>
</div>
```

根据第一条评论结构,可以完成其他评论结构。

2. "页脚"模块的每一行参考代码结构如下:

```
<div>
  <p><font></font></p>
</div>
```

请根据样图和代码结构,独立练习完成"网友交流"模块,注意字号、行间距以及图片与文字的位置关系。

3-3 【知识扩展】

使用 HBuilderX 拾取屏幕颜色的步骤:

1. 在代码区域利用有颜色属性的标记,先随意输入颜色的 RGB 值,将光标悬浮放在颜色值上,按 alt 键加鼠标左键就可以调出颜色选择面板,如图 1-13 所示。

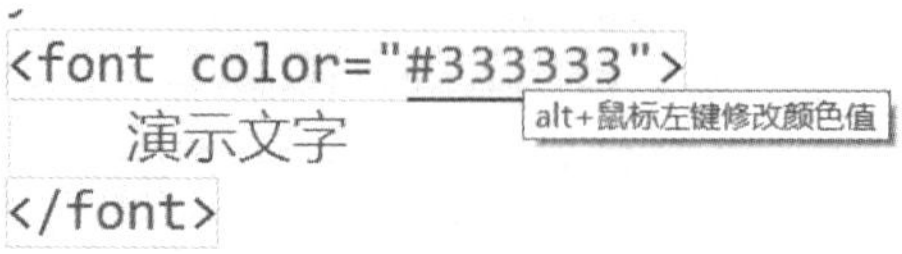

```
<font color="#333333">
    演示文字        alt+鼠标左键修改颜色值
</font>
```

图 1-13 拾取屏幕颜色-1

2. 点击"拾取屏幕颜色"按钮,鼠标变成"十"字形状,悬浮在需要拾取的颜色上,即可在"颜色选择面板"中的"HTML"中生成对应的 RGB 值,点击"OK"按钮即可,如图 1-14 所示。

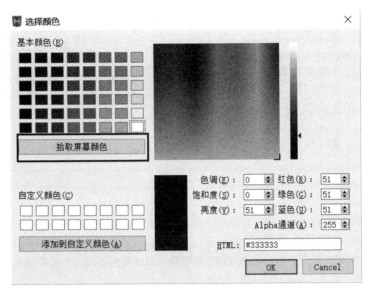

图 1-14　拾取屏幕颜色-2

4　阶段 4:项目总结

1. 建议每完成一部分的代码,都要用浏览器查看效果,在过程中感受 HTML 标记的神奇。

2. 制作项目时认真体会页面的布局、不同 HTML 标记的语义及属性。

3. 编辑代码过程中,出现问题不要担心,可以检查是否有错误字符、标点符号、空格等问题,重在体验,保持好心情才能更好地完成。

【考核评价】

考核点	考核标准				成绩比例/%
	优	良	及格	不及格	
1. 在 HBuilderX 中建立项目和网页	创建项目、网页文件(包括路径、目录结构和命名)完全正确	创建项目、网页文件正确,路径、目录结构和命名基本正确	创建项目、网页文件(包括路径、目录结构和命名)基本正确	创建项目、网页文件(包括路径和命名)不正确	10
2. 图片素材引入项目和文本输入	图片素材引入 img 文件夹正确,文本输入完整、正确	图片素材引入 img 文件夹正确,或者文本输入基本正确	图片素材引入 img 文件夹基本正确,文本输入基本正确	图片素材引入 img 文件夹不正确,文本输入不完整、不正确	10

考核点	考核标准				成绩比例/%
	优	良	及格	不及格	
3. 头部模块制作	1. 插入水平分割线和属性设置完全正确 2. 插入图像和图像属性设置完全正确 3. 设置文本属性完全正确 4. 图文混排效果与样图完全一致	四项要求中有1或2项不够准确	四项要求中有1或2处不正确	四项要求中有3或4项不正确	15
4. "时政新闻"模块制作	1. 插入水平分割线和属性设置完全正确 2. 插入图像和图像属性设置完全正确 3. 设置文本属性完全正确 4. 图文混排效果与样图完全一致	四项要求中有1或2项不够准确	四项要求中有1或2处不正确	四项要求中有3或4项不正确	20
5. "网友交流"模块制作	1. 插入水平分割线和属性设置完全正确 2. 插入图像和图像属性设置完全正确 3. 设置文本属性完全正确 4. 图文混排效果与样图完全一致	四项要求中有1或2项不够准确	四项要求中有1或2处不正确	四项要求中有3或4项不正确	30
6. "页脚"模块制作	1. 设置文本属性完全正确 2. 制作效果与样图完全一致	1. 设置文本属性正确 2. 制作效果与样图较一致	1. 设置文本属性基本正确 2. 制作效果与样图有一定差距	1. 设置文本属性不正确 2. 制作效果与样图不一致	10
7. 参与度	积极参与课程互动（包括签到、课堂讨论、投票等环节），效果好	较积极参与课程互动（包括签到、课堂讨论、投票等环节），效果较好	能参与课程互动（包括签到、课堂讨论、投票等环节），效果一般	不参与课程互动（包括签到、课堂讨论、投票等环节）	5

项目二 "厉害了，我的国"主题页制作

【项目介绍】

70年披荆斩棘，70年风雨兼程，在中国共产党的带领下，新中国经历了从无到有，由弱变强的历史跨越。

我们创造了新中国波澜壮阔、惊天动地的历史，民族独立、国家富强、百姓安居乐业，用短短70年走过了西方发达国家几百年才走完的道路，在政治、文化、社会、生态等方面都获得了全方位的发展。

请同学们利用所学的网页制作知识，为腾飞的中国制作一张精美的网页，表达对祖国母亲的热爱。

【知识目标】

1. 掌握CSS样式规则。

2. 掌握CSS字体样式及文本外观属性。

3. 掌握CSS复合选择器。

4. 理解CSS层叠性、继承性与优先级。

【技能目标】

1. 能够书写规范的CSS样式代码。

2. 能够控制页面中的文本样式。

3. 可以使用CSS复合选择器快捷选择页面中的元素。

4. 学会高效控制网页元素。

【素养目标】

1. 培养依据行业规范进行编码的习惯。

2. 熟悉页面创建的流程。

3. 提升学生实际应用能力。

4. 不断打磨良好的团队沟通与协作能力。

5. 培养自主探究、勇于创新的设计思维能力。

【思政目标】

1. 让学生感受新中国在中国共产党的领导下，在政治、文化、社会、生态等方面都获得全方位的发展，增强学生的爱国情感。

2. 培养学生的积极进取精神和创新意识。

1 阶段1:任务初探

1-1 【任务分析】

任务分析是网页开发的前提与基础,任务分析重点要解决"做什么",分成哪些模块,需要哪些技能点。图2-1为主题页面效果。

图2-1 主题页面效果

(网页素材来源: 1. 中国日报网;2."学习强国"网)

1. 准备工作与页面布局

(1)准备工作

在 HBuilderX 中建立项目,命名为 project-2,将图片素材拷贝到项目的 img 文件夹中。

具体步骤:

打开 HBuilderX 软件,新建项目。常用的方法有两种:一是利用"文件"菜单的"新建"选项中的"项目"菜单;二是在主界面中心的快捷菜单中选"新建项目",如图 2-2 所示。

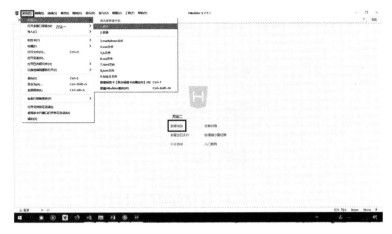

图 2-2　新建项目(1)

在弹出的对话框中,选择"普通项目",输入项目名称"project-2",自定义存放的路径,在"选择模板"中选择"基本 HTML 项目",点击"创建"按钮即可,如图 2-3 所示。

图 2-3　新建项目(2)

在左侧的任务窗格中就能看到创建好的项目文件了,如图 2-4 所示。

图 2-4 新建项目(3)

然后将网页图片素材拷贝到"img"文件夹中,双击"index.html",在打开的编码区域准备书写网页代码,如图 2-5 所示。

```
1 <!DOCTYPE html>
2 <html>
3     <head>
4         <meta charset="utf-8" />
5         <title></title>
6     </head>
7     <body>
8
9     </body>
10 </html>
```

图 2-5 拷贝图片素材

(2)页面布局分析

根据网页效果图,可以将"厉害了,我的国"主题页从上到下分为 5 个模块——头部模块、标题模块、三军风采模块、兵器大观模块和页脚模块,如图 2-6 所示。

图 2-6　页面布局分析

2. 知识准备

本次主题网页的训练重点是掌握 CSS 样式规则,掌握 CSS 复合选择器,可以快捷选择页面中的元素,理解 CSS 层叠性、继承性与优先级,学会高效控制网页元素。

(1)CSS 样式规则

选择器{属性 1:属性值 1;属性 2:属性值 2;属性 3:属性值 3;}

在上面的样式规则中,选择器用于指定 CSS 样式作用的 HTML 对象,花括号内是对该对象设置的具体样式。其中,属性和属性值以"键值对"的形式出现,用英文":"连接,多个"键值对"之间用英文";"进行区分。图 2-7 为 CSS 样式表基本规则。

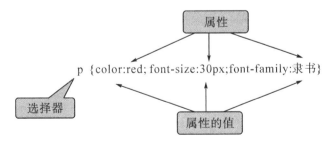

图 2-7　CSS 样式表基本规则

(2)HTML 页面中引入 CSS 样式表的方式

●行内式:也称为内联样式,直接在 HTML 标签中添加 style 属性来定义元素的样式。

语法格式：

<标记名style="属性1:属性值1；属性2:属性值2；属性3:属性值3；"> 内容 </标记名>

例1：

<pstyle="color：red；">这是一段红色的文本</p>

● 内嵌式：将 CSS 代码集中写在 HTML 文档的<head>头部标记中，并且用<style>标记定义，之后在整个 HTML 文件中直接调用该样式的标记。

语法格式：

<head>
    <style type="text/css">
    选择器1｛属性1:属性值1；属性2:属性值2；属性3:属性值3；｝
    选择器2｛属性1:属性值1；属性2:属性值2；……｝
    </style>
</head>

例2：

```
<head>
  <style type="text/css">
    p {
      color：red；
      }
  </style>
</head>
<body>
  <p>这是一段红色的文本</p>
</body>
```

● 链入式

将所有的样式放在一个或多个以.css 为扩展名的外部样式表文件中，通过<link />标记将外部样式表文件链接到 HTML 文档中。

语法格式：

<head>
    <link href="CSS 文件的路径" type="text/css" rel="stylesheet" />
</head>

链入式需要先建立 css 文件，在文件中书写 css 样式代码，再在 HTML 文档中链入 css

文件。在 HBuilderX 中的操作步骤如图 2-8 所示。

图 2-8　新建 css 文件 1

在弹出的对话框中为 css 文件命名,如图 2-9 所示。

图 2-9　新建 css 文件 2

在 css 文件中编写 css 样式代码,保存 css 文件,如图 2-10 所示。

图 2-10　新建 css 文件 3

在 HTML 文档中链入 css 文件。

例 3：

```
<head>
  <link rel="stylesheet" href="style.css" type="text/css">
</head>
<body>
  <p>这是一段红色的文本</p>
</body>
```

(3)CSS 基础选择器

要想将 CSS 样式应用于特定的 HTML 元素，首先需要找到该目标元素。在 CSS 中，执行这一任务的样式规则部分被称为选择器。

● 标记选择器

标记选择器是指用 HTML 标记名称作为选择器，按标记名称分类，为页面中某一类标记指定统一的 CSS 样式。

语法格式：

标记名{属性1:属性值1; 属性2:属性值2; 属性3:属性值3; }

例 4：

```
<html>
<head>
  <meta charset="utf-8">
  <title>标记选择器</title>
  <style type="text/css">
    p{ color:blue;}
  </style>
</head>
<body>
  <p>段落文字 1</p>
  <p>段落文字 2</p>
  <h3>标题文字</h3>
</body>
</html>
```

在这个例子中，使用了标记选择器 p，定义 css 样式为颜色并设为蓝色，这让正文中所有<p>标记作用的文字变成蓝色。

● 类选择器

类选择器使用"."（英文点号）进行标识，后面紧跟类名。

语法格式：
.类名{属性 1:属性值 1；属性 2:属性值 2；属性 3:属性值 3；}
例 5：

```
<html>
<head>
  <meta charset="utf-8">
  <title>类选择器</title>
  <style type="text/css">
    .p1{ color:red;}
  </style>
</head>
<body>
  <p>段落文字 1</p>
  <p class="p1">段落文字 2</p>
  <h3 class="p1">标题文字</h3>
</body>
</html>
```

在这个例子中,使用了类选择器.p1,定义 css 样式为颜色并设为红色,这让正文中所有引用了 p1 选择器的标记作用的文字变成红色。

• id 选择器
id 选择器使用"#"进行标识,后面紧跟 id 名。
语法格式：
#id 名{属性 1:属性值 1；属性 2:属性值 2；属性 3:属性值 3；}
例 6：

```
<html>
<head>
  <meta charset="utf-8">
  <title>id 选择器</title>
  <style type="text/css">
    #p2{ color:#333;}
  </style>
</head>
<body>
  <p id="p2">段落文字 1</p>
  <p >段落文字 2</p>
  <h3 id="p2">标题文字</h3>
</body>
</html>
```

在这个例子中,使用了 id 选择器.p1,定义 css 样式为颜色并设为灰色,这让正文中所有引用了 p2 选择器的标记作用的文字变成灰色。

- 通配符选择器

通配符选择器用"＊"号表示,它是所有选择器中作用范围最广的,能匹配页面中所有的元素。

语法格式:

＊{属性 1:属性值 1; 属性 2:属性值 2; 属性 3:属性值 3; }

例 7:

```html
<html>
<head>
   <meta charset="utf-8">
   <title>通配符选择器</title>
   <style type="text/css">
      * { color:green; }
   </style>
</head>
<body>
   <p >段落文字 1</p>
   <p >段落文字 2</p>
   <h3>标题文字</h3>
</body>
</html>
```

在这个例子中,使用了通配符选择器＊,定义 css 样式为颜色并设为绿色,这让正文中所有文字标记作用的文字变成绿色。

(4)CSS 控制文本样式常用属性

- font-size 属性用于设置字号,最常用的单位为 px,也可以用 em、pt 等单位。

例 8:

```html
<html>
   <head><title>设置字号的绝对大小</title>
   <style type="text/css">
       p{color:blue}
       .p1 {font-size:16px;}
       .p2 {font-size:16pt;}
   </style></head>
<body>
   <p class="p1">设置字号为 16px</p>
   <p class="p2">设置字号为 16pt</p>
</p></body></html>
```

● font-family 属性用于设置字体,定义几种不同的字体,并用逗号隔开,当浏览器找不到字体一时,将会用字体二代替,以此类推。当浏览器完全找不到字体时,则使用默认字体(宋体)。

例9:

```
<html>
<head>
    <title>设置字体</title>
    <style type="text/css">
        .p1{font-family:"黑体","草书","宋体";}
        .p2{font-family:"琥珀","草书","宋体";}
    </style>
</head>
<body>
    <p class="p1">设置字体的顺序为,黑体,草书,宋体</p>
    <p class="p2">设置字体的顺序为,琥珀,草书,宋体</p>
</body>
</html>
```

● font-weight 属性用于定义字体的粗细,常见取值有:normal(默认值)、bold(加粗)、bolder(更粗)、lighter(更细)、100~900(100 的整数倍)。其中 400 等同于 normal,700 等同于 bold,值越大字体越粗。

例10:

```
<html>
<head>
    <title>font-weight 字体加粗</title>
    <style type="text/css">
        .p1{font-weight:normal}
        .p2{font-weight:blod}
        .p3{font-weight:bolder}
        .p4{font-weight:lighter}
        .p5{font-weight:900}
    </style>
</head>
<body>
    <p class="p1">此段文字正常显示</p>
    <p class="p2">此段文字以 blod 方式显示</p>
    <p class="p3">此段文字以 bolder 方式显示</p>
    <p class="p4">此段文字以 lighter 方式显示</p>
    <p class="p5">此段文字以 900 方式显示</p></body></html>
```

• font-style 属性用于定义字体风格。常见取值有：normal（默认值，浏览器显示一个标准的字体样式）、italic（浏览器会显示斜体的字体样式）、oblique（浏览器会显示倾斜的字体样式）。

例 11：

```
<html>
<head>
    <title>font-style 字体斜体</title>
    <style type="text/css">
        .p1{font-style:normal}
        .p2{font-style:italic}
        .p3{font-style:oblique}
    </style>
</head>
<body>
    <p class="p1">段落文字 1</p>
    <p class="p2">段落文字 2</p>
    <p class="p3">段落文字 3</p>
</body>
</html>
```

• font 属性用于对字体样式进行综合设置，可设置的属性是（按顺序）："font-style font-variant font-weight font-size/line-height font-family"。font-size 和 font-family 的值是必需的。如果缺少了其他值，默认值将被插入，如果有默认值的话。注意：line - height 属性设置行与行之间的空间。

例 12：

```
<html>
<head>
    <title>font 综合属性</title>
    <style type="text/css">
        .p1{ font-family:黑体; font-size:25px;font-weight:bolder;}
        .p2{font:italic 25px 黑体;}
    </style>
</head>
<body>
    <p class="p1">本行文字以黑体 25 像素大小加粗来显示</p>
    <p class="p2">本行文字以黑体斜体 25 像素大小加粗来显示</p>
</body>
</html>
```

• color 属性用于定义文本的颜色,其取值方式为:有颜色英文单词、十六进制、RGB 代码。

例 13:

```
<html>
<head>
    <title>color 定义文本颜色</title>
    <style type="text/css">
        .p1{color:red;}
        .p2{color: #00ff00;}
        .p3{color: rgb(255, 0, 255);}
    </style>
</head>
<body>
    <p class="p1">本行文字通过颜色关键字(red)来定义颜色</p>
    <p class="p2">本行文字以十六进制颜色值(#00ff00)来定义颜色</p>
    <p class="p2">本行文字以 RGB 颜色值(rgb(255, 0, 255))来定义颜色</p>
</body>
</html>
```

• letter-spacing 属性用于定义字间距。字间距是指字符与字符之间的空白。其属性值可为不同单位的数值,允许使用负值,默认为 normal。

例 14:

```
<html>
<head>
    <title>letter-space 定义字符间距</title>
    <style type="text/css">
        #p1{letter-spacing:5px;}
        #p2{letter-spacing:10px;}
        #p3{letter-spacing:20px;}
    </style>
</head>
<body>
    <p id="p1">本行文字字符间距为 5 像素</p>
    <p id="p2">本行文字字符间距为 10 像素</p>
    <p id="p3">本行文字字符间距为 20 像素</p>
</body>
</html>
```

● line-height 属性用于设置行间距。行间距是指行与行之间的距离,即字符的垂直间距,一般称为行高。常用的属性值单位有三种,分别为像素(px)、相对值(em)和百分比(%),实际工作中使用最多的是像素(px)。

例 15：

```
<html>
<head>
    <title>line-height 定义行间距</title>
    <style type="text/css">
        #p1{line-height:15px;}
        #p2{line-height:35px;}
        #p3{line-height:55px;}
    </style>
</head>
<body>
    <p id="p1">本行文字行间距为 15 像素</p>
    <p id="p2">本行文字行间距为 35 像素</p>
    <p id="p3">本行文字行间距为 55 像素</p>
</body>
</html>
```

● text-align 属性用于设置文本内容水平对齐,相当于 HTML 中的 align 对齐属性。常用属性值有 left(左对齐)、right(右对齐)、center(居中对齐)。

例 16：

```
<html>
<head>
    <title>text-align 定义文本内容水平对齐</title>
    <style type="text/css">
        #p1{text-align:left}
        #p2{text-align:center}
        #p3{text-align:right}
        #p4{text-align:justify}
    </style>
</head>
<body>
    <p id="p1">本行文字为左对齐</p>
    <p id="p2">本行文字为居中对齐</p>
    <p id="p3">本行文字为右对齐</p>
    <p id="p4">本行文字为分散对齐</p>
</body>
</html>
```

● text-decoration 属性用于设置文本的下划线、上划线、删除线等装饰效果。常用取值有:none(默认值,没有装饰)、underline(下划线)、overline(上划线)、line-through(删除线)。

例 17:

```
<html>
<head>
    <title>text-decoration 定义文本装饰效果</title>
    <style type="text/css">
        .p1{text-decoration:underline}
        .p2{text-decoration:line-through}
    </style>
</head>
<body>
    <p class="p1">文字加下划线</p>
    <p class="p2">文字加删划线</p>
</body>
</html>
```

● text-indent 属性用于设置首行文本的缩进。其属性值可为不同单位的数值、字符宽度的倍数(em),或相对于浏览器窗口宽度的百分比(%)。允许使用负值,建议使用em 作为设置单位。

例 18:

```
<html>
<head>
    <title>text-indent 定义首行缩进</title>
    <style type="text/css">
        .p1{text-indent:20px;}
        .p2{text-indent:60px;}
        .p3{text-indent:100px;}
    </style>
</head>
<body>
    <p class="p1">本行文字段落首行缩进 20 像素</p>
    <p class="p2">本行文字段落首行缩进 60 像素</p>
    <p class="p3">本行文字段落首行缩进 100 像素</p>
</body>
</html>
```

• background-color 属性,用于定义背景颜色,取值为有颜色英文关键字、RGB 值。transparent 表示透明,也是浏览器的默认值。

例 19:

```
<html>
<head>
    <title>background-color 定义背景颜色</title>
    <style type="text/css">
        body{background-color:#ADD8E6}
        .p1{background-color:#ff0000;font-size:30px}
        .p2{background-color:yellow;font-size:30px}
    </style>
</head>
<body>
    <p class="p1">此行文字以红色背景显示</p>
    <p class="p2">此行文字以黄色背景显示</p>
</body>
</html>
```

(5)CSS 常用复合选择器

• 标记指定选择器

标签指定式选择器又称交集选择器,由两个选择器构成,其中第一个为标记选择器,第二个为 class 选择器或 id 选择器,两个选择器之间不能有空格,如 h3. special 或 p#one。

例 20:

```
<html>
  <head>
    <meta charset="utf-8">
    <title>标签指定式选择器的应用</title>
    <style type="text/css">
      p{ color:blue;}
      .special{ color:green;}
      p.special{ color:red;}          /* 标签指定式选择器 */
    </style>
  </head>
<body>
  <p>普通段落文本(蓝色)</p>
  <p class="special">指定了.special 类的段落文本(红色)</p>
  <h3 class="special">指定了.special 类的标题文本(绿色)</h3>
</body>
</html>
```

思考:仔细观察正文三段文字颜色,想想为什么是这个颜色?

- 后代选择器

后代选择器用来选择元素或元素组的后代,其写法就是把外层标记写在前面,内层标记写在后面,中间用空格分隔。当标记发生嵌套时,内层标记就成为外层标记的后代。

例21:

```html
<html>
  <head>
    <meta charset="utf-8">
    <title>后代选择器</title>
    <style type="text/css">
      p strong{color:red;}        /*后代选择器*/
      strong{color:blue;}
    </style>
  </head>
  <body>
    <p>段落文本<strong>嵌套在段落中,使用 strong 标记定义的文本(红色)。
</strong></p>
    <strong>嵌套之外由 strong 标记定义的文本(蓝色)。</strong>
  </body>
</html>
```

- 并集选择器

并集选择器是各个选择器通过逗号连接而成的,任何形式的选择器都可以作为并集选择器的一部分。若某些选择器定义的样式完全或部分相同,可利用并集选择器为它们定义相同的样式。

例22:

```html
<html>
  <head>
    <meta charset="utf-8">
    <title>并集选择器</title>
    <style type="text/css">
      h1, h2 {
            color: blue;
            font-size: 24px;
      }
    </style>
  </head>
  <body>
```

```
    <h1>这是标题文字 1</h1>
    <h2>这是标题文字 2</h2>
  </body>
</html>
```

（6）CSS 高级特性

层叠性和继承性是 CSS 的基本概念,深入理解和熟练运用它们可以帮助开发者更好地掌握 CSS 编程。

● 层叠性(Cascade)

层叠性指的是当多个选择器同时应用于同一个元素时,CSS 规定了一套层叠规则来确定哪个样式优先级更高,从而决定最终应用于元素的样式。

层叠规则包括选择器的特殊性(specificity)、重要性(！important)和源顺序(source order)等因素。通过计算这些因素,CSS 会按照一定的优先级顺序应用样式,最终得到应用于元素的样式。

一般情况下,特殊性优先级最高,其次是重要性,最后是源顺序。但在实际应用中,应当尽量避免过度使用重要性,保持源顺序的一致性。

例 23：

```
<html>
    <head>
        <meta charset="utf-8">
        <title>CSS 层叠性</title>
        <style type="text/css">
            p{
                font-size:12px;
                font-family:"微软雅黑";
            }
            .special{ font-size:16px;}
            #one{ color:red;}
        </style>
    </head>
    <body>
        <p class="special" id="one">段落文本 1</p>
        <p>段落文本 2</p>
        <p>段落文本 3</p>
    </body>
</html>
```

● 继承性(Inheritance)

继承性指的是元素会从父元素继承某些样式属性的值。具体来说,某些 CSS 属性的值会被传递给其子元素。

样式属性的继承性是由 CSS 规范来定义的,例如 color、font-family、text-align 等属性具有继承性,而 width、height、border 等属性则不具有继承性。

父元素的样式只有在子元素没有自己定义相同属性的样式的情况下才会被继承。

可以使用 inherit 关键字来显式地指定某个属性的值从父元素继承。

例 24:

```
<html>
<head>
    <style type="text/css">
        .parent {
            color: blue;
            font-size: 20px;
        }
        .child {
            font-weight: bold;
        }
    </style>
</head>
<body>
    <div class="parent">
        <p class="child">这是子元素的文字。</p>
    </div>
</body>
</html>
```

在上面的例子中,父元素<div>引用了类名为"parent"的样式,设置了颜色为蓝色和字体大小为 20 像素。子元素<p>引用了类名为"child"的样式,没有定义颜色和字体大小属性,但继承了父元素的颜色和字体大小,因此它的文字颜色将是蓝色,字体大小是 20 像素。子元素自身设置了字体加粗的样式,所以文字将会显示为加粗字体。

通过这个示例可以看到,子元素的样式继承了父元素的相关样式属性,这体现了 CSS 的继承性特点。

(7)CSS 优先级

CSS 优先级按从高到低的顺序排列:

● ! important:使用 ! important 声明的样式具有最高优先级,并会覆盖任何其他规则。

● 内联样式:直接在 HTML 元素的 style 属性中定义的样式具有较高的优先级。

● id 选择器:使用 id 选择器(如#id)指定的样式具有比类选择器和标签选择器更高的优先级。

● 类选择器、属性选择器和伪类选择器:使用类选择器(如.class)、属性选择器(如[attribute])和伪类选择器(如:hover)指定的样式具有比标签选择器更高的优先级。

● 标签选择器:使用标签选择器(如 p、div)指定的样式是最基本的选择器,具有较低的优先级。

● 通配符选择器:使用 * 指定的样式具有较低的优先级。

当多个规则应用于同一个元素时,CSS 会根据这些规则的优先级来决定最终应用哪个样式。如果多个规则具有相同的优先级,则会根据源顺序来决定应用哪个样式。

需要注意的是,尽管! important 具有最高优先级,但过度使用! important 会导致样式表的维护困难,不易于重写和扩展。因此,应谨慎使用! important,并尽量遵循良好的 CSS 编码习惯。

1-2 【任务演示】

制作主题页面的头部模块,主要训练点包括页面中引入 CSS 文件,CSS 选择器的选择与定义,CSS 控制文本样式。

1. 新建 css 文件

在 css 文件夹上右击鼠标,在快捷菜单中选择"新建",选择联级菜单中的"css 文件",命名为 style.css,点击"创建"按钮,如图 2-11、图 2-12 所示。

图 2-11　新建 css 文件 1

图 2-12　新建 css 文件 2

2. 公共样式定义

本主题页的页面背景颜色为#ededed，段落文字颜色为#696969、16px，这些可以通过 CSS 公共样式定义。在 style.css 文件中定义公共样式，参考代码如下：

```
／＊重置浏览器的默认样式：所有元素边框外部和内部距离为0＊／
＊|margin:0; padding:0;|
／＊正文全局控制：正文背景颜色是#ededed，全部字号为 16px，文字颜色为#696969＊／
body|　／＊标记选择器＊／
background-color:#ededed;／＊ 正文背景颜色是#ededed ＊／
font-size:16px;／＊全部字号为 16px ＊／
color:#696969;／＊文字颜色为#696969＊／
|
```

3. 制作头部模块，效果如图 2-13 所示。

图 2-13　头部模块样图

其 HTML 参考代码如下：

```
<! --头部模块 html 代码 -->
<div >
    <h1>
```

```
        <strong>厉害了,我的国! </strong>
        <em>军事专区</em>
    </h1>
<hr size="2" color="#FFD700" width="980"/>
</div>
```

头部 div 的 CSS 样式选择器名为.header,样式包括:

(1)设置 div 宽度为 980px,高度为 86px;

(2)居中,与下方元素间距为 7px;

(3)行间距 86px;

(4)文字居中对齐;

(5)文字颜色:#006400。

标题文字"厉害了,我的国"的 CSS 样式包括:

(1)取消加粗效果;

(2)字号 30px。

标题文字"军事专区"的 CSS 样式包括:

(1)取消加粗效果;

(2)取消倾斜效果;

(3)字号 14px。

其 CSS 参考代码如下:

```
.header{/*类选择器,头部模块外层 div 的 css 样式*/
    width:980px;/*宽度为 980px*/
    margin:0 auto 7px;/*水平居中,与下方元素间距为 7px*/
    height:86px;/*高度为 86px*/
    line-height:86px;/*行间距 86px*/
    text-align:center;/*文字居中对齐*/
    font-family:"微软雅黑";/* */
    color:#006400;/*文字颜色:#006400*/
    }
.header h1{ font-weight:normal;} /*后代选择器,取消加粗效果*/
.header strong{/*后代选择器,标题文字的 CSS 样式*/
    font-weight:normal;/*取消加粗效果*/
    font-size:30px;/*字号 30px*/
    }
.header em{/*后代选择器,标题文字"军事专区"的 CSS 样式*/
    font-style:normal;/*取消倾斜效果*/
    font-size:14px;/*字号 14px*/
    }
```

使用链入式将 CSS 引入 HTML 文档中：

```
<head>
    <meta charset="utf-8" />
    <title>厉害了,我的国</title>
    <link href="css/style.css" rel="stylesheet" type="text/css"/>
</head>
```

在 HTML 的标记中引用 CSS 选择器套用 CSS 样式：

```
<! --头部 begin-->
<divclass="header">
    <h1><strong>厉害了,我的国！</strong>    <em>军事专区</em></h1>
    <hr size="2" color="#FFD700" width="980px"/>
</div>
```

1-3 【知识扩展】

1. 使用 margin 属性可以设置 div 与其他元素之间的间距,比如 margin:0 auto 7px;可以让 div 在区域内居中,与上方元素间距为 0,与下方元素间距为 7px,这是 CSS 的盒子模型中的知识。

2. 颜色值的缩写。十六进制颜色值是由#开头的 6 位十六进制数值组成,每 2 位为一个颜色分量,分别表示颜色的红、绿、蓝 3 个分量。当 3 个分量的 2 位十六进制数都各自相同时,可使用 CSS 缩写,例如#FF6600 可缩写为#F60,#FF0000 可缩写为#F00,#FFFFFF 可缩写为#FFF。使用颜色值的缩写可简化 CSS 代码。

3. 使用 CSS 样式既可以给 HTML 标记添砖加瓦,也可以修改其本身的样式,比如 <h1>标记带有文字加粗效果,在本例中通过 font-weight:normal;取消了文字加粗。希望大家多观察,多感受,在实践中增强对 CSS 的理解。

2　阶段2:任务进阶

2-1 【任务分析】

1. 根据网页效果图,实现“标题”模块,训练要点包括 CSS 选择器选择和命名、div 基础布局、图文混排和 CSS 控制文字样式设置,如图 2-14 所示。

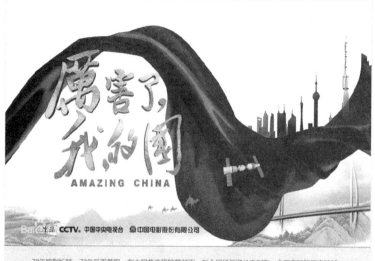

70年披荆斩棘，70年风雨兼程，在中国共产党的带领下，新中国经历了从无到有，由弱变强的历史跨越。我们创造了新中国波澜壮阔、惊天动地的历史，民族独立、国家富强、百姓安居乐业，用短短70年走过了西方发达国家几百年才走完的道路，在政治、文化、社会、生态等方面都获得了全方位的发展。

图 2-14　"标题"模块效果图

　　2. 根据网页效果图，实现"三军风采"模块，训练要点包括 CSS 选择器选择和命名、div 基础布局、图片排版设置，如图 2-15 所示。

图 2-15　"三军风采"模块效果图

2-2 【任务实施】

1. "标题"模块网页 HTML 参考代码如下：

```
<! --标题模块-->
<div>
     <h2>三军风采 ></h2>
     <img src="img/banner.png" alt="厉害了,我的国"/>
     <br /><br />
     <p>70 年披荆斩棘,70 年风雨兼程,在中国共产党的带领下,新中国经历了从
无到有,由弱变强的历史跨越。</p>
     <p>我们创造了新中国波澜壮阔、惊天动地的历史,民族独立、国家富强、百姓
安居乐业,用短短 70 年走过了西方发达国家几百年才走完的道路,在政治、文化、社
会、生态等方面都获得了全方位的发展。</p>
     <br />
</div>
```

2. "标题"模块的 div 的 CSS 样式选择器名为.banner,样式包括：

(1)宽度 980px；

(2)水平方向居中。

3. 标题文字"三军风采"的 CSS 样式包括：

(1)字号 14px；

(2)行间距 42px。

4. 段落文字的 CSS 样式包括：

(1)行间距 30px；

(2)文字居中；

(3)字号 18px。

5. 其 CSS 参考代码如下：

```
.banner{/ * "标题"模块的 div 的 CSS 样式 */
     width:980px; / * 宽度 980px */
     margin:0 auto; / * 水平方向居中 */
}
.banner h2{/ * 标题文字"三军风采"的 CSS 样式 */
     font-size:14px; / * */
     line-height:42px; / * */
}
.banner p{/ * 段落文字的 CSS 样式 */
     line-height:30px; / * 行间距 30px */
     text-align:center; / * 文字居中 */
     font-size:18px; / * 字号 18px */
}
```

要记得在对应的 div 标记中引用 CSS 样式。

6."三军风采"模块网页 HTML 参考代码如下：

```
<! --三军风采模块-->
<div>
    <img src = "img/logo.png" />
    <img src = "img/menu.png"/>
    <br /><br />
    <img class = "img1" src = "img/show1.png" />
</div>
```

7."三军风采"模块 div 的 CSS 样式选择器名为.bestshow,样式包括：

(1)宽度 980px;

(2)水平方向居中。

8. 图片展示的 CSS 样式选择器名为.img1,样式为水平方向居中。

9. 其 CSS 参考代码如下：

```
/*三军风采 CSS 样式*/
.bestshow{/* */
        width:980px;/*宽度 980px*/
        margin:0 auto;/*水平居中*/
    }
/*图片样式*/
.img1{
    display: block;/*转换元素类型*/
    margin: 0 auto;/*水平方向居中*/
    }
```

2-3 【知识扩展】

1. 使用后代选择器,可以为网页的不同元素之间建立关系和层次结构,具有以下几个好处。

(1)灵活性和可维护性:使用后代选择器可以非常方便地选择特定元素内的子元素,而无须给每个元素都添加独立的类或 ID。这样可以减少样式代码的冗余,并使样式表更加简洁和易于维护。

(2)代码重用:后代选择器可以在选择器中嵌套使用,从而利用父元素的选择器来影响子元素。这意味着可以重用已经定义的样式规则,避免重复编写样式代码。

(3)增加样式层级:后代选择器可以通过嵌套选择器来增加样式的层级。这样可以更容易地管理和调整不同元素之间的样式关系。

（4）语义化表达：使用后代选择器可以更好地表达元素之间的语义关系，提高代码的可读性和可理解性。总之，使用后代选择器可以提高代码的灵活性、可维护性和可读性，使样式表更加简洁、清晰和易于管理。

但需要注意的是，过度嵌套选择器可能会导致选择器的特殊性增加，从而影响样式的优先级，因此在使用后代选择器时应注意保持适度和合理性。

2. 要使图片在 div 区域中居中，需要了解元素类型转换 display 属性：

display 属性：通过 display 属性可以改变元素的显示方式。

常用的属性值包括：

block：将元素显示为块级元素，独占一行。

inline：将元素显示为内联元素，与其他元素在一行内显示。

inline-block：将元素显示为内联块级元素，既具有块级元素的特性，又能与其他元素在一行内显示。

none：隐藏元素，不进行显示。

例 25：

```html
<html>
<head>
    <style type="text/css">
        .block {
            display: block;
        }
        .inline {
            display: inline;
        }
        .inline-block {
            display: inline-block;
        }
        .none {
            display: none;
        }
    </style>
</head>
<body>
    <div class="block">这是一个块级元素。</div>
    <span class="inline">这是一个行内元素。</span>
    <div class="inline-block">这是一个行内块级元素。</div>
    <div class="none">这个元素将不会显示。</div>
</body>
</html>
```

在上面的示例中,我们定义了四个不同的类名,分别为"block"、"inline"、"inline-block"和"none",然后使用"display"属性将元素的显示类型分别设置为块级元素(block)、行内元素(inline)、行内块级元素(inline-block)和隐藏(none)。通过这个示例可以看到,不同的"display"属性值会改变元素在页面中的显示方式。

这样,通过设置不同的"display"属性值,可以实现对 HTML 元素的类型转换,从而达到不同的布局效果和展示形式。

3 阶段3:任务攻坚

3-1 【任务分析】

1. 根据网页效果图,实现"兵器大观"模块,训练要点为 CSS 选择器选择和命名、div 布局、图片排版、背景图片设置,如图2-16 所示。

图 2-16 "兵器大观"模块样图

2. 根据网页效果图,实现"页脚"模块,训练要点为 CSS 选择器选择、div 布局、图文混排设置,如图2-17 所示。

图 2-17 "页脚"模块样图

3-2 【实践训练】

1. "兵器大观"模块的 HTML 参考代码结构如下：

```
<div>
    <img/>
    <div >
        <div><! --此处加一个 div,配合 CSS 实现半透明效果-->
            <img />
        </div>
    </div>
</div>
```

2. "兵器大观"模块的 CSS 样式选择器名为.show,样式包括：

（1）宽度 1500px；

（2）水平方向居中,上下间距 50px。

3. "兵器大观"模块指定背景图片,选择器名为.background1,样式包括：

（1）添加背景图片；

（2）宽度 1500px,高度 980px；

（3）水平方向居中。

4. 为背景颜色添加半透明效果

可以通过自行查询资料,尝试完成,在浏览器中验证效果。在【知识拓展】中,有介绍相应方法。

5. "页脚"模块的 HTML 参考代码结构如下：

```
<div>
        <hr />
        <img />
        <p> </p>
        <p> </p>
        <p> </p>
    </div>
```

6. "页脚"模块的文字 CSS 样式与"标题"模块相同,图片 CSS 样式与"三军风采"模块相同。

请根据样图和代码结构,独立练习完成"兵器大观"模块和"页脚"模块。

3-3 【知识扩展】

在网页中设置图片半透明效果的方法主要有以下 4 种。

1. 使用 CSS 的 opacity 属性:通过设置图片的 opacity 属性,可以实现整个图片的透明效果。取值范围为 0 到 1,0 表示完全透明,1 表示完全不透明。

如:img {

        opacity: 0.5;

}

2. 使用 CSS 的 rgba 颜色值:可以通过使用 rgba 颜色值来设置图片的背景颜色,并在 rgba 值中设置透明通道的值。通过设置背景颜色的透明度,就可以实现图片的半透明效果。

如:img {

        background-color: rgba(0, 0, 0, 0.5);

}

3. 使用 CSS 的 linear-gradient 背景渐变:通过设置图片的背景颜色为一个透明度逐渐变化的线性渐变,可以实现图片的半透明效果。

如:img {

        background-image: linear-gradient(rgba(0, 0, 0, 0.5), rgba(0, 0, 0, 0.5)),

    url("your-image.jpg");

   background-blend-mode: normal;

}

4. 使用 CSS 的 mix-blend-mode 属性:如果图片的父级元素有其他的元素叠加在图片上面,可以使用 mix-blend-mode 属性来设置混合模式,实现图片与其他元素的半透明混合效果。

如:img {

        mix-blend-mode: multiply;

}

这些方法可以单独使用,也可以结合使用,要根据具体的需求选择适合的方法来实现图片的半透明效果。

4　阶段4:项目总结

1. HTML 和 CSS 都是所见即所得的语言,在主题页制作过程中请仔细体会它们的语义与样式效果。

2. 在本主题页的制作过程中多次用到换行标记
和空格符号" ",以使不同元素之间出现一定的留白效果。实际工作不建议这样使用,通过进一步的学习,可以完美实现留白效果。

【考核评价】

考核点	考核标准				成绩比例(%)
	优	良	及格	不及格	
1. 在 HBuilderX 中建立项目和网页	创建项目、网页文件(包括路径、目录结构和命名)完全正确	创建项目、网页文件正确,路径、目录结构和命名基本正确	创建项目、网页文件(包括路径、目录结构和命名)基本正确	创建项目、网页文件(包括路径和命名)不正确	10
2. 图片素材引入项目和文本输入	图片素材引入 img 文件夹正确,文本输入完整、正确	图片素材引入 img 文件夹正确,或者文本输入基本正确	图片素材引入 img 文件夹基本正确,文本输入基本正确	图片素材引入 img 文件夹不正确,文本输入不完整、不正确	10
3. 头部模块制作	1.HTML 结构完全正确 2.CSS 文件路径和命名正确 3.CSS 选择器命名规范 4.CSS 样式设置完全正确 4. 实现效果与样图完全一致	四项要求中有 1 或 2 项不够准确	四项要求中有 1 或 2 处不正确或者 2 或 3 项不准确	四项要求中有 3 或 4 项不正确	10
4.“标题”模块制作	1.HTML 结构完全正确 2.CSS 选择器命名规范正确 3.CSS 样式设置完全正确 4. 制作效果与样图完全一致	四项要求中有 1 或 2 项不够准确	四项要求中有 1 或 2 处不正确或者 2 或 3 项不准确	四项要求中有 3 或 4 项不正确	15
5.“三军风采”模块制作	1.HTML 结构完全正确 2.CSS 选择器命名规范正确 3.CSS 样式设置完全正确 4. 制作效果与样图完全一致	四项要求中有 1 或 2 项不够准确	四项要求中有 1 或 2 处不正确或者 2 或 3 项不准确	四项要求中有 3 或 4 项不正确	10
6.“兵器大观”模块制作	1.HTML 结构完全正确 2.CSS 选择器命名规范正确 3.CSS 样式设置完全正确 4. 制作效果与样图完全一致	四项要求中有 1 或 2 项不够准确	四项要求中有 1 或 2 处不正确或者 2 或 3 项不准确	四项要求中有 3 或 4 项不正确	30

考核点	考核标准				成绩比例（%）
	优	良	及格	不及格	
7. "页脚"模块制作	1. HTML 结构完全正确 2. CSS 选择器命名规范正确 3. CSS 样式设置完全正确 4. 制作效果与样图完全一致	四项要求中有 1 或 2 项不够准确	四项要求中有 1 或 2 处不正确或者 2 或 3 项不准确	四项要求中有 3 或 4 项不正确	10
8. 参与度	积极参与课程互动（包括签到、课堂讨论、投票等环节），效果好	较积极参与课程互动（包括签到、课堂讨论、投票等环节），效果较好	能参与课程互动（包括签到、课堂讨论、投票等环节），效果一般	不参与课程互动（包括签到、课堂讨论、投票等环节）	5

项目三 "纪念中国工农红军长征胜利 80 周年"主题页制作

【项目介绍】

"现在是新的长征,我们要重新再出发!"习近平总书记这样说,新的长征路,"就是要实现'两个一百年'奋斗目标,实现中华民族伟大复兴的中国梦。"当前,新时代长征路的接力棒已经传递到我们手上,我们要坚定信念跟党走,铭记历史,不忘初心,不断增强责任感使命感,用行动来证明信仰,用信仰和信念来走好新的长征路,开拓进取,砥砺前行。

请同学们利用所学的网页制作知识,以"纪念中国工农红军长征胜利 80 周年"为主题制作一张网页,弘扬长征精神。

【知识目标】

1. 理解盒子模型的概念。

2. 掌握盒子模型的内边距(padding)、边框(border)和外边距(margin)。

3. 熟悉元素模式的相互转换。

【技能目标】

1. 能够分析一个 HTML 网页元素之间的位置关系,并通过盒子模型进行页面搭建。

2. 能使用盒子元素的相关属性。

【素养目标】

1. 培养依据行业规范进行编码的习惯。

2. 熟悉页面创建的流程。

3. 提升学生实际应用能力。

4. 不断打磨良好的团队沟通与协作能力。

5. 培养自主探究、勇于创新的设计思维能力。

【思政目标】

1. 通过"纪念中国工农红军长征胜利 80 周年"主题网页的设计与制作,使学生了解伟大的长征历程、长征故事、长征英雄人物,学习弘扬长征精神,传承红色记忆,奋力走好新时代的长征路。

2. 培养学生的积极进取精神和创新意识。

1 阶段1:任务初探

1-1 【任务分析】

任务分析是网页开发的前提与基础,任务分析重点要解决"做什么",分成哪些模块,需要哪些技能点。图3-1为主题页面效果。

图3-1　主题页面效果

（网页素材来源:"学习强国"网）

1. 准备工作与页面布局

（1）准备工作

在HBuilderX中建立项目,命名为project-3,将图片素材拷贝到项目的 img 文件夹中。

具体步骤:

打开 HBuilderX 软件,新建项目。常用的方法有两种:一是利用"文件"菜单的"新建"选项中的"项目"菜单;二是在主界面中心的快捷菜单中选"新建项目",如图3-2所示。

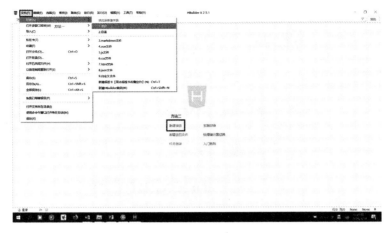

图 3-2　新建项目(1)

在弹出的对话框中,选择"普通项目",输入项目名称"project-3",自定义存放的路径,在"选择模板"中选择"基本 HTML 项目",点击"创建"按钮即可,如图 3-3 所示。

图 3-3　新建项目(2)

在左侧的任务窗格中就能看到创建好的项目文件了,如图 3-4 所示。

图 3-4　新建项目(3)

　　然后将网页图片素材拷贝到"img"文件夹中,双击"index.html",在打开的编码区域准备书写网页代码,如图 3-5 所示。

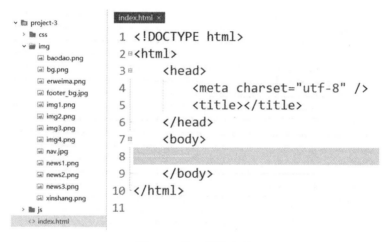

图 3-5　拷贝图片素材

(2)页面布局分析

　　根据网页效果图,可以将"纪念中国工农红军长征胜利 80 周年"主题页从上到下分为 5 个模块:导航栏模块、banner 模块、"红色文物"展示模块、二维码模块和页脚模块,如图 3-6 所示。

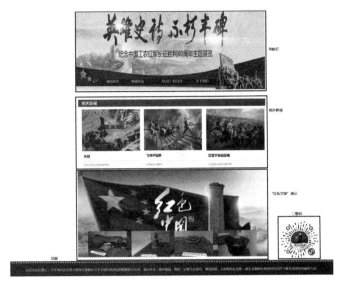

图 3-6　页面布局分析

2. 知识准备

本次主题网页的训练重点是掌握盒子的相关属性,能够制作常见的盒子模型效果,理解背景属性的设置方法,能够设置背景颜色和图像,并且掌握元素的浮动和定位,能够为元素设置常见的浮动与定位模式。

(1)CSS 盒子模型

CSS 盒子模型是指在网页布局中,每个元素都被视为一个矩形的盒子,这个盒子包括了内容区域(content box)、内边距(padding)、边框(border)和外边距(margin)四个部分。这些部分的组合构成了元素在页面中的布局和定位,如图 3-7 所示。

- 内容区域(content box):显示元素的内容,例如文本、图像等。
- 内边距(padding):内容区域和边框之间的空白区域,用于控制元素内容与边框之间的距离。
- 边框(border):围绕在内边距外的线条,用于装饰和框定元素内容。
- 外边距(margin):边框之外的空白区域,用于控制元素与其他元素之间的距离。

通过调整这些部分的属性,我们可以控制元素的大小、间距和对齐方式,从而实现网页布局的各种设计效果。CSS 盒子模型是网页开发中非常基础和重要的概念,掌握它能够帮助我们更好地布局和设计网页。

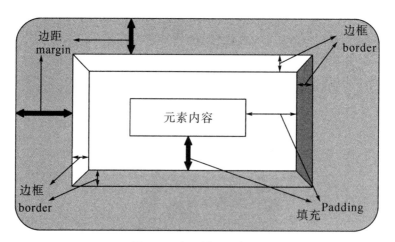

图 3-7　盒子模型示意图

（2）常用的盒子模型相关属性

● 盒子模型边框属性

在 CSS 中，可以使用一系列属性来设置元素的边框样式、颜色和宽度。常用的用于控制盒子模型边框的属性包括：

√　**border-style**：用于设置边框的样式。利用边框样式属性不仅可以设置单位边框样式属性，还可以对单位边框进行设置，而且也可以利用复合边框样式属性来统一设置四条边框的样式。

基本语法：

border-style：样式值

border-top-style：样式值

border-bottom-style：样式值

border-left-style：样式值

border-right-style：样式值

常用的样式值：

none：没有边框

solid：边框为单实线

dashed：边框为虚线

dotted：边框为点线

double：边框为双实线

语法说明：

border-style 是一个复合属性，复合属性的值有四种设置方法，其他的都是单个边框的样式属性，只能取一个值。

设置一个值：四条边框样式均使用一个值。

设置两个值：上边框和下边框样式调用第一个值，左边框样式和右边框样式调用第二个值。

设置三个值：上边框样式调用第一个值，右边框样式与左边框样式调用第二个值，下边框样式调用第三个值。

　　设置四个值:四条边框样式的调用顺序为上、右、下、左。

　　例1:分别设置四条边框样式。

```
css 代码:
.box1{/ * 设置一个值 * /
    border-style:solid ; / * 四边均为实线 * /
}
.box2{/ * 设置两个值 * /
    border-style:solid dotted ;  / * 上下实线、左右点线 * /
}
.box3{/ * 设置三个值 * /
    border-style:solid dotted dashed; / * 上实线、左右点线、下虚线 * /
}
.box4{/ * 设置四个值 * /
    border-style:solid dotted dashed double;/ * 上实线、右点线、下虚线、左双实
线 * /
}
```

　　例2:单独设置一条边框样式。

```
css 代码:
.box5{/ * 单独指定上边框样式 * /
    border-top-style:dotted;/ * 只设置上边框为点线,其余边框不显示 * /
}
.box6{/ * 单独指定下边框样式 * /
    border-bottom-style:dashed;/ * 只设置下边框为虚线,其余边框不显示 * /
}
.box7{/ * 单独指定左边框样式 * /
    border-left-style:double;/ * 只设置左边框为双实线,其余边框不显示 * /
}
.box8{/ * 单独指定右边框样式 * /
    border-right-style:solid;/ * 只设置右边框为实线,其余边框不显示 * /
}
```

　　√　border-color:用于设置边框的颜色。和边框样式的设置方法一样,也可以分别来设置每个边框的颜色。

　　基本语法:

　　border-color:颜色关键字 | RGB 值

　　border-top-color:颜色关键字 | RGB 值

border-bottom-color:颜色关键字 | RGB 值

border-left-color:颜色关键字 | RGB 值

border-right-color:颜色关键字 | RGB 值

例 3:分别设置四个边框颜色。

```
css 代码:
.box1{/* 设置一个值 */
    border-color:#f00; /* 四边均为红色 */
}
.box2{/* 设置两个值 */
    border-color:#f00 #00f ; /* 上下红色、左右蓝色 */
}
.box3{/* 设置三个值 */
    border-color:#f00 #00f #0f0; /* 上红色、左右蓝色、下绿色 */
}
.box4{/* 设置四个值 */
    border- color:blue green #ff0 pink;/* 上蓝色、右绿色、下红色、左粉色 */
}
```

例 4:单独设置一条边框颜色。

```
css 代码:
.box5{/* 单独指定上边框样式 */
    border-top-color:red;/* 只设置上边框为红色,其余边框颜色为默认 */
}
.box6{/* 单独指定下边框样式 */
    border-bottom-color:blue;/* 只设置下边框为蓝色,其余边框颜色为默认 */
}
.box7{/* 单独指定左边框样式 */
    border-left-color:yellow;/* 只设置左边框为黄色,其余边框颜色为默认 */
}
.box8{/* 单独指定右边框样式 */
    border-right-color:green;/* 只设置右边框为绿色,其余边框颜色为默认 */
}
```

√ **border-width**:用于设置边框的宽度,可以指定一个值,也可以分别设置上、右、下、左四个方向的值。

语法:

border-width:none|像素值;/* none 表示宽度为 0,不显示边框 */

border-top-width:像素值

border-bottom-width:像素值

border-left-width:像素值

border-right-width:像素值

例5:分别设置四个边框粗细。

```
css 代码:
.box1{/*设置一个值*/
    border-width:5px;/*四边宽度均为5像素*/
}
.box2{/*设置两个值*/
    border-width:5px 3px ;/*上下边框5像素宽度、左右边框3像素宽度*/
}
.box3{/*设置三个值*/
    border-width:5px 3px 4px;/*上边框5像素宽度、左右边框3像素宽度、下边
框4像素宽度*/
}
.box4{/*设置四个值*/
    border-with:1px 1px 2px 3px;/*上边框1像素宽度、右边框1像素宽度、下边
框2像素宽度、左边框3像素宽度*/
}
```

例6:分别指定一条边框宽度。

```
css 代码:
.box5{/*设置上边框*/
    border-top-width：4px;/*设置上边框4像素宽度,其余边框宽度默认*/
}
.box6{/*设置下边框*/
    border-bottom-width：2px;/*设置下边框2像素宽度,其余边框宽度默认*/
}
.box7{/*设置右边框*/
    border-right-width：1px;/*设置右边框1像素宽度,其余边框宽度默认*/
}
.box8{/*设置左边框*/
    border-left-width：1px;/*设置左边框1像素宽度,其余边框宽度默认*/
}
```

注意:

1. 在设置边框宽度时,必须同时设置边框样式,如果未设置样式或设置为 none,则不论宽度设置为多少都无效。

2. 常用取值单位为像素。

√ border：综合设置，用来同时设置边框的样式、宽度和颜色，也可以另外对每个边框属性单独进行设置。

基本语法：

border：边框宽度　边框样式　边框颜色

border-top：上边框宽度　上边框样式　上边框颜色

border-bottom：下边框宽度　下边框样式　下边框颜色

border-left：左边框宽度　左边框样式　左边框颜色

border-right：右边框宽度　右边框样式　右边框颜色

语法说明：

每一个属性都是一个复合属性，都可以同时设置边框的样式、宽度和颜色。每个属性的值中间用空格隔开，在这几个属性中，只有 border 可以同时设置四条边框的属性，其他的只能设置单边框的属性。

注意：宽度、样式、颜色顺序任意，不分先后。

例 7：

```
css 代码：
.box1{
    border: 2px solid #000; /*设置所有边框宽度为 2px,样式为实线,颜色为
黑色 */
}
.box2 {
    border-top: 1px dotted red; /* 设置上边框宽度为 1px,样式为点线,颜色为
红色 */
}
.box3{
    border-bottom: 1px solid #00f; /* 设置下边框宽度为 1px,样式为实线,颜色
为蓝色 */
}
.box4 {
    border-left: 3px double green; /* 设置左边框宽为 3px,样式为双实线,颜色
为绿色 */
}
.box5 {
    border-right: 2px dashed gold; /*设置右边框宽度为 2px,样式为虚线,颜色
为金色 */
}
```

思考:

设置盒子上下边框为红色、双实线、2 像素宽度,左右边框不显示,有哪些写法?

• 盒子模型内间距(padding)属性

盒子模型内间距(padding)属性用于设置元素内容与边框之间的距离。主要有以下属性:

padding-top:像素值;/* 定义元素内容与上边框之间的距离 */

padding-right:像素值;/* 定义元素内容与右边框之间的距离 */

padding-bottom:像素值;/* 定义元素内容与下边框之间的距离 */

padding-left:像素值;/* 定义元素内容与左边框之间的距离 */

padding:像素值 1[像素值 2,像素值 3,像素值 4];/* 同时设置多个方向的内间距 */

语法说明:

这些 padding 属性可以分别设置不同的数值,也可以用统一的数值设置整个元素的内间距。padding 属性的应用能够有效控制元素内容与边框之间的间距,美化页面布局,增加页面的视觉吸引力。

例 8:单独指定一个方向内间距。

```css
css 代码:
.box1{/* 只定义元素内容与上边框之间的距离为 10 像素 */
    padding-top:10px;
}
.box2 {/* 只定义元素内容与右边框之间的距离为 20 像素 */
    padding-right:20px;
}
.box3 {/* 只定义元素内容与下边框之间的距离为 15 像素 */
    padding-bottom:15px;
}
.box4 {/* 只定义元素内容与左边框之间的距离为 30 像素 */
    padding-left:30px;
}
```

例 9:综合设置盒子内间距。

```css
css 代码:
.box5{/* 设置一个值 */
    padding:20px;/* 上下左右内间距都为 20 像素 */
}
.box6{/* 设置两个值 */
    padding:20px 15px;/* 上下与边框的内间距为 20 像素、左右与边框的内间距为 15 像素 */
```

```
    }
    .box7{/*设置三个值*/
        padding:20px 15px 10px;/*上方与边框的内间距为20像素、左右与边框的
内间距为15像素、下方与边框的内间距为10像素*/
    }
    .box8{/*设置四个值*/
        padding:20px 15px 10px 30px;/*上方与边框的内间距为20像素、右与边框
的内间距为15像素、下方与边框的内间距为10像素、左与边框的内间距为30像素*/
    }
```

- 盒子模型外间距（margin）属性

盒子模型外间距（margin）属性用于控制元素与周围元素之间的间距。margin 属性也有四个属性，分别对应元素的上、右、下、左四个方向的外边距。

常用属性：

margin-top:像素值;/* 定义元素与上面的元素之间的距离 */

margin-right:像素值;/* 定义元素与右面的元素之间的距离 */

margin-bottom:像素值;/* 定义元素与下面的元素之间的距离 */

margin-left:像素值;/* 定义元素与左面的元素之间的距离 */

margin:像素值1［像素值2,像素值3,像素值4］;/* 同时设置多个方向的外间距 */

例10：单独指定一个方向外间距。

```
    css 代码：
    .box1{/*定义元素与上面的元素之间的距离为10像素*/
        margin-top: 10px;
    }
    .box2 {/*定义元素与右面的元素之间的距离为20像素*/
        margin-right: 20px;
    }
    .box3 {/*定义元素与下面的元素之间的距离为15像素*/
        margin-bottom: 15px;
    }
    .box4 {/*定义元素与左面的元素之间的距离为30像素*/
        margin-left: 30px;
    }
```

例 11：综合设置盒子外间距。

```
css 代码：
.box5{/＊设置一个值＊/
    margin:20px;/＊上下左右外间距都为 20 像素＊/
}
.box6{/＊设置两个值＊/
    margin:20px 15px;/＊上下与其他元素的外间距为 20 像素、左右与其他元素
的外间距为 15 像素＊/
}
.box7{/＊设置三个值＊/
    margin:20px 15px 30px;/＊上方与其他元素的外间距为 20 像素、左右与其他
元素的外间距为 15 像素、下方与其他元素的外间距为 30px＊/
}
.box8{/＊设置两个值＊/
    margin:20px 15px 30px 10px; /＊上方与其他元素的外间距为 20 像素、左右
与其他元素的外间距为 15 像素、下方与其他元素的外间距为 30px、左与其他元素的外
间距为 10 像素＊/
}
```

在使用 padding 和 margin 时，有四点注意事项需要考虑：

（1）盒子模型：在 CSS 中，元素的宽度和高度是包括 padding 和 border 的，但不包括 margin。因此，在设置元素的宽度和高度时，需要考虑 padding 和 border 的影响。

（2）相邻元素重叠：当相邻元素的 margin 相遇时，它们的外边距将合并（margin collapse），取较大的那个值作为最终的外边距。这种行为可能会导致布局上的意外问题，需要留意。

（3）负值：padding 和 margin 可以设置负值，用来调整元素的布局位置。但是需要谨慎使用，确保不会导致布局混乱或元素错位。

（4）百分比值：padding 和 margin 可以设置为百分比值，相对于父元素的宽度计算。在这种情况下，需要注意父元素的宽度可能会受到浏览器窗口大小变化的影响，进而影响子元素的布局。

总的来说，正确使用 padding 和 margin 可以帮助实现良好的页面布局效果，但需要在实际应用中留意以上注意事项，避免出现意外的布局问题。

● 盒子模型背景属性

盒子模型的背景属性主要包括背景颜色、背景图片、背景平铺属性、背景定位属性。

√ 背景颜色：

使用 background-color 属性来设置网页元素的背景颜色。其属性值与文本颜色的取值一样，可使用预定义的颜色值、十六进制#RRGGBB 或 RGB 代码 rgb(r,g,b)。background-color 的默认值为 transparent，即背景透明，此时子元素会显示其父元素的背景。

例 12：

```css
css 代码：
body{/＊设置浏览器背景颜色为灰色＊/
    background-color: #ccc;
  }
.box1{/＊设置背景颜色为红色＊/
    background-color: red;
}
.box2{/＊设置背景颜色为蓝色＊/
    background-color: rgb(0,0,255);
}
```

√ **背景图片：**

通过 background-image 属性设置背景图像。例如，使用 url( ) 函数指定图片路径，可以将图像作为元素的背景。

例 13：

```css
css 代码：
.box1{/＊设置背景颜色为红色＊/
    background-image: url('example.jpg');
}
```

注意：

在 CSS 中，如果 background-image 的路径包含空格或特殊字符，或者是 URL 地址，那么它应该被引号包围。通常，对于本地文件路径，可以使用单引号或者双引号。但是，如果你使用的是 URL 地址，通常推荐使用 URL 函数，并且不需要引号。

例 14：

```css
css 代码：
.box1 {/＊ 本地文件路径,使用引号 ＊/
    background-image: url('path/to/image.jpg');
}
.box2{/＊ URL 地址,不需要引号 ＊/
    background-image: url(https://example.com/image.jpg);
}
.box3{/＊ 多个背景图像,使用逗号分隔 ＊/
    background-image: url('path/to/image1.jpg'), url('path/to/image2.jpg');
}
```

√ **背景平铺属性：**

background-repeat 属性控制背景图像是否重复以及如何重复。可选值包括 repeat（默认，表示水平和垂直方向上都平铺）、repeat-x（水平方向平铺）、repeat-y（垂直方向平铺）或不设置该值（图像不重复）。

例 15：

```
css 代码：
.box1 {/ * 水平方向平铺 */
    background-image：url('path/to/image.jpg')；
    background-repeat：repeat-x；/ * 水平平铺 */
}
.box2 {/ * 垂直方向平铺 */
    background-image：url('path/to/image.jpg')；
    background-repeat：repeat-y；/ * 垂直平铺 */
}
.box3 {/ * 不平铺 */
    background-image：url('path/to/image.jpg')；
    background-repeat：no-repeat；/ * 不平铺 */
}
```

√ 背景定位属性：

background-position 属性用于调整背景图像的位置。可以通过像素值、百分比或关键字来指定图像的位置。例如，background-position：center；将图像置于元素中心。表 3-1 为背景定位属性常见取值。

表 3-1 背景定位属性常见取值

位置属性取值	含义
单位数值	设置图像左上角在元素中的坐标,例如:background-position:20px 20px;
关键字	水平方向值：left、center、right
	垂直方向值:top、center、bottom
百分比	0% 0%:图像左上角与元素的左上角对齐
	50% 50%:图像 50% 50%中心点与元素 50% 50%的中心点对齐
	20% 30%:图像 20% 30%的点与元素 20% 30%的点对齐
	100% 100%:图像右下角与元素的右下角对齐,而不是图像充满元素

例 16：

```
css 代码：
.box1 {/ * 背景图片居中 */
    background-image：url('path/to/image.jpg')；
```

```
        background-repeat:no-repeat; /* 背景图片不平铺 */
        background-position:center;/* 背景图片居中 */
    }
    .box2 {/* 背景图片居右上 */
        background-image: url('path/to/image.jpg');
        background-repeat:no-repeat; /* 背景图片不平铺 */
        background-position:right 20%;/* 背景图片居右上 */
    }
```

√ **设置背景图像固定属性:**

background-attachment 图像固定属性,设置背景图片是否随着元素的滚动而滚动,取值有 scroll 和 fixed。其中 scroll 为默认值,表示图像随页面元素一起滚动;fixed 表示图像固定在屏幕上,不随页面元素滚动。

例 17:

```
css 代码:
.box1 {/* 背景图片随滚动条滚动 */
        background-image: url('path/to/image.jpg');
        background-repeat:no-repeat; /* 背景图片不平铺 */
        background-attachment:scroll; /* 背景图片随滚动条滚动 */
    }
.box2 {/* 背景图片不随滚动条滚动 */
        background-image: url('path/to/image.jpg');
        background-repeat:no-repeat; /* 背景图片不平铺 */
        background-attachment:scroll; /* 背景图片随滚动条滚动 */
    }
```

√ **综合设置元素的背景:**

为了简化代码,CSS 中的背景属性也是一个复合属性,可以将背景相关的样式都综合定义在一个复合属性 background 中。

background:背景色 url(图像路径) 平铺 定位 固定。

例如,background: #ffffff url(image.jpg) no-repeat center ;同时设置了背景颜色、背景图片、不重复以及背景位置。

在上述语法格式中,各个样式顺序任意,中间用空格隔开,不需要的样式可以省略。但实际工作中通常按照背景色、url("图像")、平铺、定位、固定的顺序来书写。

1-2 【任务演示】

1. 新建 css 文件

在 css 文件夹上右击鼠标,在快捷菜单中选择"新建",选择联级菜单中的"css 文件",命名为 style.css,点击"创建"按钮,如图 3-8、图 3-9 所示。

图 3-8　新建 css 文件 1

图 3-9　新建 css 文件 2

2. 公共样式定义

本主题页的页面背景颜色为#ededed,字体为微软雅黑,这些可以通过 CSS 公共样式
定义。在 style.css 文件中定义公共样式,参考代码如下:

```css
css 代码:
/* 重置浏览器的默认样式:所有元素边框外部和内部距离为 0 */
* {margin:0; padding:0;}
/* 正文全局控制:正文背景颜色是# fdfdfd,字体为微软雅黑 */
body{
    font-family: "微软雅黑";
    background: #fdfdfd;
}
```

在 HTML 文档中通过链入式或内嵌式引入 CSS 文件的支持。其 HTML 代码如下：

```
html 代码：
<head>
    <meta http-equiv="Content-Type" content="text/html; charset=utf-8" />
    <title>纪念中国工农红军长征胜利 80 周年主题展览</title>
    <link href="css/style.css" type="text/css" rel="stylesheet" />
</head>
```

3. 制作导航栏模块，效果图如图 3-10 所示。

图 3-10　导航栏模块样图

（1）效果分析

该主题页的导航栏模块是由 div 标记布局，在浏览器中居中，宽度由一张背景图片决定，嵌套一个 div 标记，用于制作导航条，包括背景、文字和位置设置，这是该模块的重点和难点。

（2）编写 HTML 代码

其 HTML 参考代码如下：

```
<!--导航栏模块 -->
<div id="bg"><!--外层 div 用于整体定位，放背景图片-->
<div class="nav"><!--嵌套 div 用于制作导航条-->
<span>网站首页</span>
<span class="margin_more">影视作品</span>
<span>纪录片《长征》</span>
<span>关于我们</span>
</div>
</div>
```

（3）编写 CSS 代码

导航栏模块外层 div 的 CSS 样式选择器名为#id，样式包括：宽度 980px，高度 420px，背景图片不平铺，居中对齐，顶部内间距 10px。

其 CSS 参考代码如下：

```
#bg{/＊导航栏模块外层 div 的 CSS 样式 ＊/
    width:980px;/＊宽度 980px ＊/
    height:420px;/＊高度 420px ＊/
    background:url(img/bg.png) no-repeat;/＊插入背景图片,不平铺 ＊/
    margin:0 auto;/＊浏览器中水平居中对齐 ＊/
    padding-top:10px;/＊顶部内间距 10px ＊/
}
```

导航栏嵌套 div 标记的 CSS 样式选择器名为.nav,样式包括:宽度 600px,高度 32px,与顶部间距 335px,与左间距 130px,内间距四周为 0,背景图片不平铺。

其 CSS 参考代码如下：

```
.nav{/＊导航条红色背景 ＊/
    width:600px;/＊宽度 600px ＊/
    height:32px;/＊高度 32px ＊/
    margin-top:335px;/＊与顶部间距 335px ＊/
    margin-left:130px;/＊与左间距 130px ＊/
    background:url(img/nav.jpg) no-repeat;/＊背景图片不平铺 ＊/
    padding:0 0 0 0;/＊内间距四周为 0 ＊/
}
```

导航栏上的文字设置 CSS 样式,选择器可以用后代选择器.nav span,样式包括:白色,字号 16px,上下内间距 0,左右内间距 30px。

其 CSS 参考代码如下：

```
.nav span{/＊导航栏文字样式 ＊/
    color:#FFF;/＊白色 ＊/
    font-size:16px;/＊字号 16px ＊/
    padding:0 30px;/＊上下内间距 0,左右内间距 30px ＊/
}
```

2 阶段 2:任务进阶

2-1 【任务分析】

1. 根据网页效果图,实现"相关影视"模块,训练要点包括掌握盒子的相关属性,能够制作常见的盒子模型效果,如图 3-11 所示。

图 3-11 "相关影视"模块效果

该主题页的"相关影视"模块是由 div 布局,在浏览器中居中,嵌套一个 3 个 div 标记,每个 div 中分别嵌套一张图片、一个标题文字和一个段落文字,如图 3-12 所示。3 个 div 标记间的位置和间距,是该模块的重点和难点。

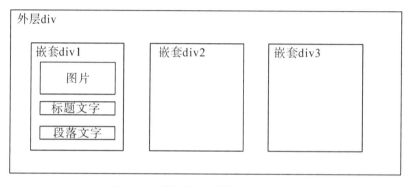

图 3-12 "相关影视"模块结构分析

2. 根据网页效果图,实现"红色文物"展示模块,训练要点主要是盒子模型间距、背景,如图 3-13 所示。

图 3-13 "红色文物"展示模块效果

2-2 【任务实施】

1. 实现"相关影视"模块

(1)编写 HTML 代码

其 HTML 参考代码如下:

```
<! --相关影视 begin-->
<div id="news"><! --外层 div,用于模块整体布局-->
    <div class="news_con"><! --嵌套 div1,用于第一个"影视内容推荐"布局-->
        <img src=" img /news1. png" /><! --插入图片-->
        <h2 class="one">长征</h2><! --标题文字-->
        <p class="two">纪念中国工农红军长征胜利 80 周年</p><! --段落文字-->
    </div>
    <div class="news_con"><! --嵌套 div2,用于第二个"影视内容推荐"布局-->
        <img src=" img /news2. png" />
        <h2 class="one">飞夺泸定桥</h2>
        <p class="two">永远的长征精神</p>
    </div>
    <div class="news_con"><! --嵌套 div3,用于第三个"影视内容推荐"布局-->
        <img src=" img /news3. png" />
        <h2 class="one">红军不怕远征难</h2>
        <p class="two">主创团队邀您边看边聊</p>
    </div>
</div>
```

（2）编写 CSS 代码

"相关影视"模块外层 div 的 CSS 样式选择器名为#news,样式包括:宽度 980px,高度 300px,添加背景图片 baodao.png,顶部对齐,定位为 10px,水平居中,上下外间距 18px,不平铺,顶部内间距 50px。

其 CSS 参考代码如下:

```
#news{/ *外层 div 的 css 样式 */
    width:980px; / *宽度 980px */
    height:300px; / *高度 300px */
    background:url( img /baodao.png) 10px top no-repeat; / *添加背景图片 baod-
ao.png,顶部对齐,定位为 10px,不平铺 */
    margin:18px auto; / *水平居中,上下外间距 18px */
    padding-top:50px; / *顶部内间距 50px */
}
```

嵌套 div 的 CSS 样式选择器名为.news_con,样式包括:宽度 294px,高度 256px,左外间距 29px。

其 CSS 参考代码如下:

```
.news_con{/ *"相关影视"模块嵌套 div 的 CSS 样式 */
    width:294px; / *宽度 294px */
```

```
        height:256px;/*高度256px*/
        margin-left:29px;/*左边外间距29px*/
    }
```

标题文字的 CSS 样式选择器可以用后代选择器,名为.news_con.one,样式包括:宽度 284px,高度 50px,左内间距 50px,行高 50px,加粗,字号 16px,底部边框 1px,实线,颜色 #ddd。

其 CSS 参考代码如下:

```
.news_con.one{/*标题文字 CSS 样式*/
    width:284px;/*宽度 284px*/
    height:50px;/*高度 50px*/
    padding-left:10px;/*左内间距 50px*/
    line-height:50px;/*行高 50px*/
    font-weight:bold;/*加粗*/
    font-size:16px;/*字号 16px*/
    border-bottom:1px solid #ddd;/*底部边框 1px,实线,颜色#ddd*/
}
```

"相关影视"模块段落文字的 CSS 样式选择器也可以用后代选择器,名为.new_con. two,样式包括:宽度 284px,高度 70px,行高 20px,上、左内间距 10px,右、下内间距 0px,字号 12px,颜色#bbb。

其 CSS 参考代码如下:

```
.news_con.two{/*"相关影视"模块段落文字的 CSS 样式*/
    width:284px;/* 宽度 284px */
    height:70px;/* 高度 70px */
    line-height:20px;/*行高 20px*/
    padding:10px 0 10px;/*上、左内间距 10px,右、下内间距 0px*/
    font-size:12px;/*字号 12px*/
    color:#bbb;/*颜色#bbb*/
}
```

2-3 【知识扩展】

• 在刚刚的制作中,我们发现将 div 的 line-height 和 height 设置相同的值,那么其中的文本内容会垂直居中。这是因为 line-height 属性决定了行内元素在行高内的垂直位置,而当 line-height 等于容器的 height 时,文本就会垂直居中。

• 我们完成了"相关影视"模块的 HTML 和 CSS 编码,但发现效果不尽如人意,三个嵌套的 div 布局不像样图那样是水平横向分布的,而是垂直分布的,如图 3-14 所示。

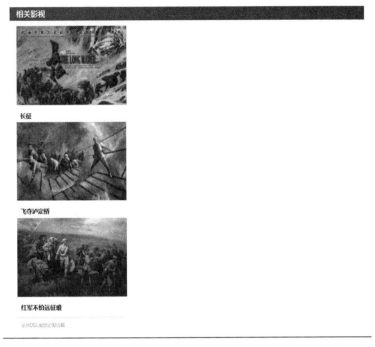

图 3-14 "相关影视"模块初版

要解决这个问题可以使用 CSS 中的浮动。在 CSS 中,浮动(float)是一种布局方式,允许元素向左或向右移动,直到碰到包含框边缘或另一个浮动元素的边缘为止。浮动元素会脱离正常的文档流,使其他元素围绕其周围排列。浮动元素通常用于实现文字环绕图片、多列布局等效果。但需要注意,浮动元素需要特别处理,以避免父元素的高度塌陷。

以下是一个简单的示例,演示如何使用 CSS 中的浮动进行布局。

HTML 代码:

```
<div class="box1">
    <div class="box2">div1</div>
    <div class="box2">div2</div>
    <div class="box2">div3</div>
</div>
```

CSS 代码:

```
.box1{
    width: 500px;
  height: 200px;
  background-color: aquamarine;
}
    .box2{
```

```
      width: 100px;
      height: 100px;
      border: 1px solid #ccc;
    }
```

浮动前网页效果如图 3-15 所示。

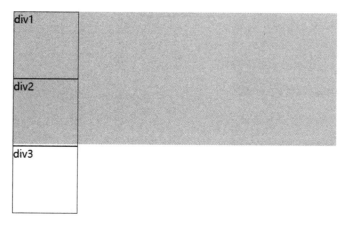

图 3-15　浮动前的网页效果

添加浮动代码。

CSS 代码:

```
  .box1{
      width: 500px;
    height: 200px;
    background-color: aquamarine;
  }
    .box2{
    width: 100px;
    height: 100px;
    border: 1px solid #ccc;
    float: left;
  }
```

浮动后网页效果如图 3-16 所示。

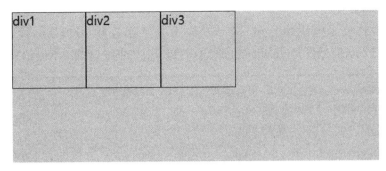

图 3-16　浮动后的网页效果

由此,回到"相关影视"模块中,可以通过浮动属性来解决问题,让 3 个嵌套的 div 左浮动。

CSS 参考代码:

```
.news_con{/*"相关影视"模块嵌套 div 的 CSS 样式*/
    width:294px;/*宽度294px*/
    height:256px;/*高度256px*/
    margin-left:29px;/*左边外间距29px*/
    float:left;/*设置左浮动*/
}
```

此时,刷新浏览器可以看到"相关影视"模块效果与效果图一致。

2. 实现"红色文物"展示模块

(1)编写 HTML 代码

"红色文物"展示模块是由一个外层 div 布局,浏览器水平居中,嵌套一个 div,用来盛放 4 张图片。

其 HTML 参考代码如下:

```
<!--"红色文物"展示模块 begin-->
<div id="exhibition">
    <div class="pic">
        <img src="img/img1.jpg" width="200"   title="红军使用过的望远镜和
皮带扣"/>
        <img src="img/img2.jpg" width="200"   title="红军使用过的灯"/>
        <img src="img/img3.jpg" width="200"   title="红军使用过的脚码"/>
        <img src="img/img4.jpg" width="200"   title="红军行军铜锣锅"/>
    </div>
</div>
```

（2）编写 CSS 代码

"红色文物"展示模块外层 div 的 CSS 样式选择器名为.exhibition,样式包括:宽度980px,高度292px,背景图片 xinshang.png,不平铺,居中对齐,顶部内间距170px。

```
#exhibition{ /* "红色文物"展示模块外层 div 的 CSS 样式 */
    width:980px; /* 宽度980px */
    height:292px; /* 高度292px */
    background:url(img/xinshang.png) no-repeat; /* 背景图片 xinshang.png,不平铺 */
    margin:0 auto; /* 居中对齐 */
    padding-top:170px; /* 顶部内间距170px */
}
```

其 CSS 参考代码如下:

"红色文物"展示模块嵌套 div 的 CSS 样式可以用后代选择器,名为.exhibition.pic,样式包括:宽度916px,高度260px,距离顶部135像素,水平居中对齐。

其 CSS 参考代码如下:

```
#exhibition.pic{ /* "红色文物"展示模块嵌套 div 的 CSS 样式 */
    width:916px;  /* 宽度916px */
    height:260px; /* 高度260px */
    margin:135px auto; /* 距离顶部135像素,水平居中 */
}
```

"红色文物"展示模块嵌套 div 中的图片 CSS 样式可以用后代选择器,名为.exhibition.pic img,样式包括:左外间距:20px。

其 CSS 参考代码如下:

```
#exhibition.pic img{ /* "红色文物"展示模块嵌套 div 中的图片 CSS 样式 */
    margin-left:20px; /* 左外间距:20px */
}
```

思考:为什么"红色文物"展示模块的4张图片不用浮动就可以实现效果呢?

3 阶段3:任务攻坚

3-1 【任务分析】

1. 根据网页效果图,实现"页脚"模块,训练要点为盒子模型背景属性,如图3-17所示。

长征永远在路上，今天我们正在进行改革开放和社会主义现代化建设的新的伟大长征，面向未来，面对挑战，我们一定要不忘初心、继续前进，走好新的长征路，使长征精神在新的时代条件下焕发出更加绚丽的光彩。

图3-17 "页脚"模块样图

2. 根据网页效果图,实现"二维码"模块,训练要点为盒子模型背景属性,如图3-18所示。

图3-18 "二维码"模块样图

3-2 【实践训练】

1. "页脚"模块的 HTML 参考代码结构如下:

```
<! --页脚 begin-->
<div id="footer"><! --页脚模块外层 div-->
    <p><! --嵌套段落文字-->
    长征永远在路上,今天我们正在进行改革开放和社会主义现代化建设的新的
伟大长征,面向未来,面对挑战,我们一定要不忘初心、继续前进,走好新的长征路,使
长征精神在新的时代条件下焕发出更加绚丽的光彩。
    </p>
</div>
```

"页脚"模块的 CSS 选择器名为#footer,样式包括:宽度100%,高度80px,背景图片bg.jpg,水平平铺,颜色#fff,文字水平居中,行高80px。

2."二维码"模块的 HTML 参考代码结构如下:

```
<! --二维码 begin-->
<div class="tree">
    <img src="img/erweima.png"/>
</div>
```

"二维码"模块的 CSS 样式选择器名为.tree,样式包括:不随滚动条滚动,页面右方5%,底部10%。

请你根据样图和代码结构,独立练习完成"页脚"模块和"二维码"模块。

4 阶段4:项目总结

1. 理解盒子模型:通过本主题页面的练习,可以深入理解盒子模型的概念和工作原理。盒子模型包含内容区域、内边距、边框和外边距等部分,通过调整这些属性可以实现元素的大小、间距和排列等效果。

2. 掌握盒子模型的应用:通过本主题页面的练习可以帮助提升对盒子模型属性的熟练应用能力,比如元素宽度和高度的设置、内外边距的调整、边框样式的设置等。掌握这些知识可以让你更加灵活地布局和设计页面。

3. 实践项目总结:通过完成盒子模型主题训练项目,可以进行项目总结并总结经验教训。总结中可以包括遇到的问题及解决方法、优化经验、实现效果的心得体会等。这有助于加深对盒子模型的理解,在今后的前端开发工作中更高效地应用盒子模型知识。

【考核评价】

考核点	考核标准				成绩比例(%)
	优	良	及格	不及格	
1. 在 HBuilderX 中建立项目和网页	创建项目、网页文件(包括路径、目录结构和命名)完全正确	创建项目、网页文件正确,路径、目录结构和命名基本正确	创建项目、网页文件(包括路径、目录结构和命名)基本正确	创建项目、网页文件(包括路径和命名)不正确	10
2. 图片素材引入项目和文本输入	图片素材引入img 文件夹正确,文本输入完整、正确	图片素材引入img 文件夹正确,或者文本输入基本正确	图片素材引入img 文件夹基本正确,文本输入基本正确	图片素材引入img 文件夹不正确,文本输入不完整、不正确	10

考核点	考核标准				成绩比例（%）
	优	良	及格	不及格	
3. 导航模块制作	1. HTML 结构完全正确 2. CSS 文件路径和命名正确 3. CSS 选择器命名规范 4. CSS 样式设置完全正确 4. 实现效果与样图完全一致	四项要求中有 1 或 2 项不够准确	四项要求中有 1 或 2 处不正确或者 2 或 3 项不准确	四项要求中有 3 或 4 项不正确	10
4. "相关影视"模块制作	1. HTML 结构完全正确 2. CSS 选择器命名规范正确 3. CSS 样式设置完全正确 4. 制作效果与样图完全一致	四项要求中有 1 或 2 项不够准确	四项要求中有 1 或 2 处不正确或者 2 或 3 项不准确	四项要求中有 3 或 4 项不正确	15
5. "元帅风采"模块制作	1. HTML 结构完全正确 2. CSS 选择器命名规范正确 3. CSS 样式设置完全正确 4. 制作效果与样图完全一致	四项要求中有 1 或 2 项不够准确	四项要求中有 1 或 2 处不正确或者 2 或 3 项不准确	四项要求中有 3 或 4 项不正确	10
6. "页脚模块"模块制作	1. HTML 结构完全正确 2. CSS 选择器命名规范正确 3. CSS 样式设置完全正确 4. 制作效果与样图完全一致	四项要求中有 1 或 2 项不够准确	四项要求中有 1 或 2 处不正确或者 2 或 3 项不准确	四项要求中有 3 或 4 项不正确	20
7. "二维码"模块制作	1. HTML 结构完全正确 2. CSS 选择器命名规范正确 3. CSS 样式设置完全正确 4. 制作效果与样图完全一致	四项要求中有 1 或 2 项不够准确	四项要求中有 1 或 2 处不正确或者 2 或 3 项不准确	四项要求中有 3 或 4 项不正确	20
8. 参与度	积极参与课程互动（包括签到、课堂讨论、投票等环节），效果好	较积极参与课程互动（包括签到、课堂讨论、投票等环节），效果较好	能参与课程互动（包括签到、课堂讨论、投票等环节），效果一般	不参与课程互动（包括签到、课堂讨论、投票等环节）	5

项目四 "大国工匠"主题页制作

【项目介绍】

不论是传统制造业还是新兴制造业，不论是工业经济还是数字经济，工匠始终是中国制造业的重要力量，工匠精神始终是创新创业的重要精神源泉。中国制造、中国创造需要培养更多高技能人才和大国工匠，需要激励更多劳动者特别是青年人走技能成才、技能报国之路，更需要大力弘扬工匠精神，造就一支有理想、守信念、懂技术、会创新、敢担当、讲奉献的庞大产业工人队伍，为经济社会发展注入充沛动力。本项目以致敬"大国工匠"，涵养"工匠精神"为主题，以展示大国工匠人物事迹为内容，设计与制作"大国工匠"的网页。

【知识目标】

1. 理解元素的浮动，能够使用浮动对网页进行布局。

2. 熟悉清除浮动的方法，能够清楚浮动的影响。

3. 掌握几种常见的定位模式，能够对元素进行精确的定位。

【技能目标】

1. 能够运用不同的清除方式，清除元素浮动对其他元素的影响。

2. 能够根据元素的定位需求，采用不同定位模式实现元素的定位。

【素养目标】

1. 培养学生发现问题和解决问题的能力。

2. 提升学生知识的综合运用能力。

3. 加强学生的表达能力和沟通能力。

【思政目标】

在项目设计制作过程中鼓励学生去收集具有工匠精神的人物的事迹，从而了解什么是大国工匠，什么是工匠精神，以及工匠精神对我们国家的强大、社会的发展、民族复兴做出的贡献，促使学生积极学习大国工匠典型人物崇高的职业道德、坚定的理想信念，以及立志报国的决心。

1 阶段1:任务初探

1-1 【任务分析】

"大国工匠"主题页面的页面效果如图4-1所示。从效果图可以看出,该主题页全页面有一个背景图,背景图上有两个模块。第一个模块为主模块。该模块又分为三个小模块:一为导航模块;二为工匠风采模块,其中嵌入了一个轮播图的静态效果图;三为工匠事迹模块,该模块由三张图片构成,均为图片超链接,实现页面调整跳转。第二个模块为页脚模块。

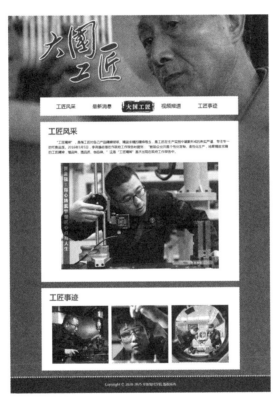

图 4-1 "大国工匠"主题页面效果

(网页素材资料来源:"中国网"网站)

1. 准备工作

在 HBuilderX 中建立项目,命名为 project_4,将图片素材拷贝到项目的 img 文件夹中。

2. 页面布局分析

根据网页效果图,可以将"大国工匠"主题网页从外到内、从上到下分为 3 个模块:body 模块、主体 main 模块和页脚 footer 模块。主体 main 模块里包含导航 nav 模块、工匠风采 news 模块和工匠事迹 exhibition 模块,如图 4-2 所示。

图 4-2　页面布局分析

3. 全局 CSS 样式分析

body 模块要添加背景图像和设置背景颜色；主体 main 模块宽为 848px 且居中显示；页脚 footer 模块通栏显示并设置背景图像水平平铺。页面中的文字字体以微软雅黑为主，可以在全局 CSS 样式中设置。

1-2　【知识准备】

根据网页设计样图分析，本次主题网页的训练重点是通过浮动和定位模式来实现网页元素在整个网页的布局定位。我们需要了解一些基础知识。

1. 标准文档流

在网页中，文档流是以默认的方向从上到下、从左到右流动的，这样的显示方式被称为标准文档流。块元素在标准文档流中从上至下流动，行内元素从左至右流动。

2. 元素的类型

HTML 标记被定义为不同的类型，一般分为块标记和行内标记，也可以称为块元素和行内元素。

（1）块元素

块元素在页面中以区域块的形式出现，在标准流中会从上到下显示。其特点如下：

● 块元素在页面中独占一行或多行显示；

● 块元素可以设置宽、高、对齐等属性；

● 块元素可以容纳其他块元素或行内元素。

常见的块元素有<div>、<p>、<h1>~<h6>、<ul>、<li>等。

（2）行内元素

行内元素在页面中不以区域块的形式出现,在标准流中会与其他行内元素从左至右显示,其特点如下:

- 行内元素在页面中与其他行内元素在同一行显示,不会独自换行;
- 行内元素无宽、高、对齐等属性,其宽度、高度由其所包含的文字或图片来决定;
- 行内元素仅可以容纳文本或其他行内元素。

常见的行内元素有<span>、<b>、<em>、<i>、<s>、<a>等。

3. 元素的转换属性 display

在 CSS 中可以通过 display 属性实现块元素和行内元素之间的相互转换。其语法格式为:选择器{display:属性值;}。

display 的属性值有以下 4 种:

- inline:被作用的元素将显示为行内元素(行内元素默认的 display 属性值);
- block:被作用的元素将显示为块元素(块元素默认的 display 属性值);
- inline-block:被作用的元素将显示为行内块元素,可以对其设置宽高和对齐等属性,但是该元素不会以区域块的形式显示;
- none:被作用的元素将被隐藏不显示且不占空间。

4. 元素的浮动属性 float

设置了浮动属性的元素会脱离标准文档流的控制,上浮移动到其父元素中指定位置,且与文档标准流中的元素不在一个层,而是在一个新的层,我们可以想象为元素从水中上浮到水面。其语法格式为:选择器{float:属性值;}。

浮动属性值:

- left:被作用元素将向左浮动,不再占用原文档流的位置,即被浮动的元素原来的位置将被标准文档流中后面的元素所占据,即会影响其他元素的显示情况;
- righ:被作用元素将向左浮动,不再占用原文档流的位置,即被浮动的元素原来的位置将被标准文档流中后面的元素所占据,即会影响其他元素的显示情况;
- none:被作用元素不浮动(默认值),也不发生变化;

5. 清除浮动属性 clear

根据前文我们知道,给某个元素设置浮动属性后,会影响其他元素的显示情况。在 HTML 中,元素之间既有兄弟关系也有父子关系。元素浮动会对其兄弟元素和父元素都产生影响。clear 属性能清除其兄弟元素浮动后对该元素的影响,即为某元素添加 clear 属性能消除其兄弟元素浮动对它的影响。其语法格式为:选择器{clear:属性值;}。

clear 的属性值:

- left:清除兄弟元素左侧浮动对元素的影响;
- right:清除兄弟元素右侧浮动对元素的影响;
- none:不清除浮动(默认值);
- both:清除兄弟元素左右两侧浮动对元素的影响。

6. 清除子元素浮动对父元素的影响

clear 属性可以清除兄弟元素浮动对元素的影响,不能清除子元素浮动对父元素的影响。一个父元素如果没有设置高度,完全由子元素撑起高度,若子元素浮动起来,那么父元素的高度就会受到影响。清除子元素浮动对父元素的影响有三种方法。

(1)方法一:空标记

在浮动元素之后添加空标记,并对该标记应用"clear:both"样式,可清除子元素浮动对父元素的影响。空标记是指不包含任何内容的标记,例如<div></div>。这个空标记可以为<div>、<p>、<hr />等任何标记。

例1:使用空标记清楚子元素浮动对父元素的影响

```
<html>
    <head>
        <meta charset="utf-8" />
        <title>清除浮动对父元素的影响</title>
        <style type="text/css">
            #boss{
                background:lightblue ;
            │    /*父盒子设置浅蓝色背景颜色*/
            #son{float:left;}  /*子盒子设置为左浮动*/
        </style>
    </head>
    <body>
        <div id="boss">
            <div id="son"><img src="img/img_2. jpg"/></div>
        </div>
    </body>
</html>
```

在以上代码中,id 为 boss 的<div>为父盒子,即父元素;id 为 son 的<div>为子盒子,即为子元素。父盒子设置了背景颜色,没有设置高度,其高度由子盒子撑起。子盒子设置浮动属性后,父盒子就没有高度,父盒子的背景颜色就不会显示,效果如图4-3所示。

图 4-3　例 1 未添加空标记的效果

当在浮动的子盒子后面增加设置了"clear：both；"样式的空标记后，父盒子就会有高度了，背景颜色就会显示。参考代码如下：

```html
<html>
<head>
    <meta charset="utf-8" />
    <title>清除浮动对父元素的影响</title>
    <style type="text/css">
        #boss{
            background:lightblue ;
        }   /*父盒子设置浅蓝色背景颜色*/
        #son{float:left;} /*子盒子设置为左浮动*/
        .a{clear:both;}   /*添加类选择器,样式为clear:both;目的为清除左右浮动的影响*/
    </style>
</head>
<body>
    <div id="boss">
        <div id="son"><img src="img/img_2.jpg"/></div>
<p class="a"></p> <!--添加空标记,引用类选择器a,清除子盒子浮动对父盒子的影响-->
    </div>
</body>
</html>
```

效果如图 4-4 所示。

图 4-4　例 1 添加空标记后的效果

（2）方法二：overflow 属性

overflow 属性一般用于控制超出盒子大小的内容。它有四个属性值：

- visible：溢出盒子的内容不会被修剪，即溢出盒子的内容会被显示；
- hidden：溢出盒子的内容被修剪掉，即溢出盒子的内容被隐藏不显示；
- scroll：溢出盒子的内容会被修剪，同时浏览器会添加水平和垂直滚动条以查看溢出内容；
- auto：溢出盒子的内容会被修剪，同时浏览器会根据需求来添加水平和垂直滚动条以查看溢出内容。

在这里，我们通过给父盒子添加 overflow：hidden；或 overflow：auto；键值对来清除子盒子浮动对父盒子的影响。

例 2：给父盒子添加 overflow：hidden；消除子元素浮动对父元素的影响。参考代码如下：

```html
<html>
<head>
    <meta charset="utf-8" />
    <title></title>
    <style type="text/css">
        #boss{
            background:lightblue；
            overflow：hidden;/*给父盒子添加 overflow：hidden;样式以清除子盒子
浮动对父盒子的影响*/
        }
        .son{float:left;}
    </style>
</head>
<body>
    <div id="boss">
        <div class="son"><img src="img/img_2.jpg"/></div>
    </div>
</body>
</html>
```

（3）方法三：after 伪元素

after 伪元素的作用是在被选元素的内容后面插入内容，通常使用 content 属性来指定要插入的内容。其语法格式为：

选择器：after{

    content：插入的内容；

}

例 3：运用 after 伪元素在父盒子的内容即图片后面添加文字内容并设置样式。参考代码如下：

```html
<html>
    <head>
        <meta charset="utf-8" />
        <title></title>
        <style type="text/css">
            #boss{
                background:lightblue ;
                overflow: hidden;
            }
            #boss:after{
                content: "在父盒子的内容即图片后面添加文字内容,颜色为红色,字号为24px";
                color: red;
                font-size: 24px;
            }
        </style>
    </head>
    <body>
        <div id="boss">
            <div class="son"><img src="img/img_2. jpg"/></div>
        </div>
    </body>
</html>
```

效果如图 4-5 所示。

在父盒子的内容即图片后面添加文字内容，颜色为深蓝色，字号为24px

图 4-5 例 3 运用 after 伪元素在父盒子的内容即图片后面添加文字效果

在这里，我们通过给父盒子添加 after 伪元素来清除子盒子浮动对父盒子的影响。其实现原理其实与方法一空标记一样，即在父盒子的子元素后面添加一个类似空标记效果的空内容,其样式为:

选择器:after{

    content:""; /＊在选定的元素内容后面添加空内容＊/

    display:block;/＊添加的内容以块元素的样式显示＊/

    visibility:hidden;/＊添加的内容不可见,但仍占据其本来的空间＊/

    clear:both;/＊清除添加的内容的兄弟元素的左右浮动对其的影响＊/

    height:0;/＊添加的内容高度为 0,否则该元素会比其实际高度高出若干像素＊/

}

参考代码如下:

```html
<html>
    <head>
        <meta charset="utf-8" />
        <title></title>
        <style type="text/css">
            #boss{
                background:lightblue ;
            }
            .son{float：left;}
            #boss:after{
                content: "";
                display: block;
                clear: both;
                visibility: hidden;
                height: 0;
            }
        </style>
    </head>
    <body>
```

```
                <div id = " boss" >
                    <div class = " son" ><img src = " img/img_2. jpg" /></div>
                </div>
            </body>
        </html>
```

7. 元素的定位模式 position

元素的定位主要由定位模式和边偏移两个属性来决定。

position 属性用于定义元素的定位模式,其基本语法格式如下:

    选择器{

        position:属性值;

    }

其属性值有以下 4 种:

- static:静态定位(默认的定位方式),即元素在文档标准流默认的位置显示;
- relative:相对定位,相对于元素在文档标准流的原位置来进行定位;
- absolute:绝对定位,相对于元素上一个已定位的父元素的位置进行定位;
- fixed:固定定位,相对于浏览器窗口进行定位。

(1)position:static:任何元素在默认状态下都是按文档标准流中默认的位置来定位的,也就是以静态定位来确定自己的位置。在静态定位状态下,是无法通过边偏移来改变元素的位置的,但可以通过浮动 float 来改变元素的位置。

(2)position:relative:相对定位时被定位元素会摆脱文档标准流,以该元素在文档标准流中默认位置的边框线为起始,通过边偏移来改变元素位置。通过相对定位方式改变元素的位置后,元素原来在文档标准流中占据的空间位置仍会保留,不会被其他文档标准流中的元素占据,其父元素也不会被影响。

(3)position:absolute:绝对定位是被定位元素摆脱文档标准流,以上一个已定位(相对定位、绝对定位、固定定位)的父元素的边框线为起始,通过边偏移来改变元素的位置。

注意:

如果其父元素都未定位,元素将以浏览器的窗口的四边为起始进行定位。

通过绝对定位方式改变元素位置后,元素原来在文档标准流中占据的空间位置不会被保留,会被文档标准流中其他元素占据,其未设置高度的父元素的高度会被影响。

当子元素要相对于其直接父元素来进行绝对定位时,我们可以把直接父元素设置为相对定位无边偏移,对子元素设置绝对定位,再通过边偏移定位到合适的位置。

(4)position:fixed:固定定位,元素以浏览器窗口为起始,通过边偏移进行定位。固定定位后的元素,不会随浏览器滚动条的滚动而滚动,也不会随浏览器窗口大小的变化而变化,该元素始终显示在浏览器窗口的固定位置。

8. 边偏移

定位模式 position 属性只能确定元素的定位方式,并不能确定元素的具体位置,我们需要通过边偏移属性 top、bottom、left、right 来精确定义元素的位置。

- top：被定位元素相对于其定位方式的起始位置的上边线移动的距离。
- bottom：被定位元素相对于其定位方式的起始位置的下边线移动的距离。
- left：被定位元素相对于其定位方式的起始位置的左边线移动的距离。
- right：被定位元素相对于其定位方式的起始位置的右边线移动的距离。

注意：

定义多个边偏移属性时，如果 top 和 bottom 冲突，以 top 为准；left 和 right 起冲突，以 left 为准。

2 阶段2:任务进阶

2-1 【任务分析】

根据页面布局分析,我们要搭建整个页面的结构和设置 CSS 公共样式。

根据页面分析,"大国工匠"首页主要由主体 main 模块和页脚 footer 模块构成。

整个网页以大国工匠典型人物周汉生的图像作为背景图像并设置背景颜色,色彩采用了灰白色,整体肃穆宏大,而 logo"大国工匠"采用的红色在灰色的背景中突出醒目,人物背景与红色 logo 的搭配突出显示了本网页的主题。要实现这个效果,我们要定义整个页面的背景颜色和背景图像。

2-2 【任务实施】

1. 搭建页面布局结构

在新建的 project_4 项目文件夹中打开 index.html 文件,修改文件名称为 project_4.html,在编辑区开始编写代码。首先根据任务分析用 div 创建主体 main 模块和页脚 footer 模块。

参考代码如下：

```html
<html>
    <head>
        <meta charset="utf-8">
        <title>工匠精神</title>
    </head>
    <body>
        <div id="main"></div>
        <div id="footer"></div>
    </body>
</html>
```

2. 定义 CSS 公共样式

在项目文件夹下的 CSS 文件内创建新的样式表文件,并命名为 projec_4. css。打开该文件,进入编辑区域,添加 CSS 代码。通过 background 综合属性设置背景图像和背景颜色。背景图像不重复,且位置居中顶部显示。

参考代码如下:

```
/ * 清除所有元素的默认的内外边距,字体设置为微软雅黑,大小为 16px,颜色为
#000 */
    * {margin: 0;padding: 0;font-family: "微软雅黑";font-size: 16px;color: #000;}
    / * 通过 background 综合属性为网页设置背景图像和背景颜色。为了使背景图像
在顶部居中显示,其位置设置为 center top */
    body{background: url(../img/bg.jpg) no-repeat #6C6C6C center top;}
```

在 project_4. html 文件里的<head>标记里通过<link>标记链入 project_4. css 文件。

参考代码如下:

```
    <head>
        <meta charset="utf-8">
        <title>工匠精神</title>
        <link href="css/project_4. css" type="text/css" rel="stylesheet"/>
    </head>
```

效果如图 4-6 所示。

图 4-6　整体页面结构和全局 CSS 效果

3　阶段 3:任务攻坚

3-1　【任务分析】

本阶段我们要完成主体 main 模块的结构布局和 CSS 样式设置。

1. 主体 main 模块的结构布局

在主体 main 模块中有导航 nav 模块、工匠风采 news 模块、工匠事迹 exhibition 模块。导航 nav 模块由四个文字链接和背景图像构成；工匠风采 news 模块由标题、文字段落和一个焦点图 focus 模块构成；工匠事迹 exhibition 模块由和图片链接 pic 模块构成。结构如图 4-7 所示。

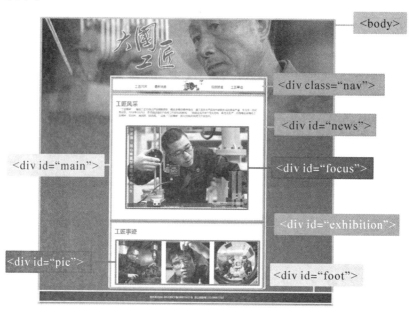

图 4-7　主体 main 模块结构分析图

2. 定义 CSS 样式

我们需要通过定义 CSS 样式把主体 main 模块从图 4-8 的效果转变为图 4-9 的样式。

（1）为了把网页背景图像中的主题和主题人物图像显示出来，主体 main 模块在网页中与顶部距离为 400px，模块宽度为 980px。

（2）给导航模块设置背景图像，高度和行高的属性值一致让文字在模块中垂直居中显示。调整文本超链接的位置使其平均分布在导航条中，取消文字超链接的默认样式——下划线和文字颜色。

（3）给工匠风采 news 模块设置白色背景颜色，设置标题和文字段落的样式。

（4）设置静态焦点图的样式和定位。

（5）实现左右切换按钮的样式、定位，以及按钮的隐藏和显示。

（6）设置焦点图圆点切换图标样式和定位。

（7）设置工匠事迹 exhibition 模块的样式。

3-2 【任务实施】

1. 搭建主体 main 模块结构布局

（1）在 project_4. html 文件里的 <body><div id = "main"> 标记里添加代码，搭建模块结构。参考代码如下：

```
< div id = "main" >
    <div id = "nav" >
        <spa>工匠风采</spa>
        <spa>最新消息</spa>
        <spa>视频报道</spa>
        <spa>工匠事迹</spa>
    </div>
    <div id = "news" >
        <h1>工匠风采</h1>
        <p>"工匠精神",是指工匠对自己产品精雕细琢、精益求精的精神
理念,是工匠在生产实践中凝聚形成的务实严谨、专注专一的可贵品质。2016 年 3 月 5
日,李克强总理在作政府工作报告时提道:"鼓励企业开展个性化定制、柔性化生产,培
育精益求精的工匠精神,增品种、提品质、创品牌。"这是"工匠精神"首次出现在政府工
作报告中。</p>
        <div id = "focus" ></div>
    </div>
    <div id = "exhibition" >
        <h1>工匠事迹</h1>
        <div id = "pics" ></div>
    </div>
</div>
```

（2）在<div id = "focus" >中给中匠风采 news 模块中的焦点图添加左右切换按钮超链
接和焦点图的切换图标。在这里,我们用"<"和">"符号来实现左右切换按钮,用无序列
表来实现焦点图圆点切换图标。参考代码如下:

```
<div id = "focus" >
    <img src = "img/焦点图.jpg"/>
    <a href = "#" ><</a>
    <a href = "#" >></a>
    <ul>
        <a><li></li></a>
        <a><li></li></a>
        <a><li></li></a>
        <a><li></li></a>
        <a><li></li></a>
        <a><li></li></a>
    </ul>
</div>
```

效果如图 4-8 所示。

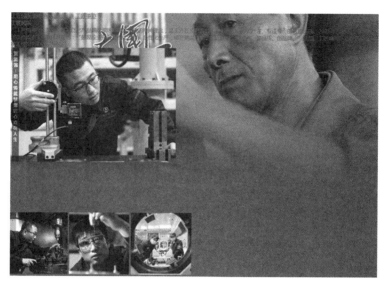

图 4-8　主体 main 模块结构效果

2. 定义 CSS 样式

在 project_4 项目文件夹中的 css 文件夹里打开 project_4. css 文件并添加代码。参考代码如下：

```
/*定义 main 模块的宽度、上外边距为 400px 使整个模块往下移动,让背景图像中
的主题和人物显示出来 */
#main{
    width: 980px;
    margin: 0 auto;
    margin-top: 400px;
}
```

（1）给<div id="main">定义宽度、margin 属性值使该模块在<body>里居中显示。再设置上外边距为 400px 使整个模块往下移动,让背景图像中的主题和人物显示出来。

效果如图 4-9 所示。

图 4-9　id 为 main 盒子添加 CSS 后效果

（2）给\<div id＝"nav"\>设置,宽度为 980px,高度和行高都为 90px,添加背景图像;给 \<span\>设置左外边距为 400px,给第三个\<span\>左外边距设置为 240px,使之在背景图像中 logo 右边显示;给\<a\>标记添加 text-decoration:none;样式,取消文本超链接默认的下划线。参考代码如下:

```
/＊设置导航模块的宽度 980px,高度和行高 90px,使内容垂直居中显示,背景图
像＊/
#nav{
    width：980px;
    height：90px;
    line-height：90px;
    background：url(../img/nav1.png) no-repeat;
/＊设置文本的左外边距为 80px,让四个超文本链接分开显示＊/
#nav span{
    margin-left：80px;
}
/＊把第三个文本的左外边距为 240px,使该超文本链接在 logo 图像右边显示＊/
#nav .margin_more{
    margin-left：240px;
}
```

```
/*取消超链接默认的下划线效果,字体大小设置为24px */
#nav a{
    text-decoration: none;
    font-size: 24px;
}
```

效果如图4-10所示。

图4-10　导航条效果

（3）给<div id="news">设置白色背景色,宽度为980px,上外边距为20px,使news盒子与nav盒子分开。盒子内<h1>标题设置字号为36px,加粗,颜色为#83623f,上下外边距为20px,左右外边距为40px,让标题右移且与上下元素有间距。文字段落首行缩进2个字符,这里使用"em"单位,上外边距为0,左右外边距为40px,下外边距为40px。参考代码如下:

```
/*设置白色背景色,宽度为980px */
#news{
    background-color: white;
    width: 980px;
    margin-top: 30px;/*上外边距为30px,使news盒子与nav盒子有30px的间
隔距离。*/
}
/*标题设置字号为36px,加粗,颜色为#83623f,上下外边距为20px,左右外边距
40px,让标题右移且与上下元素有间距 */
#main h1{
    font-size: 36px;
    font-weight: 700;
    color: #83623f;
    padding: 20px 40px;
}
/*段落首行缩进2个字符,上外边距为0,左右外边距为40px,下外边距为
40px */
#news p{
    text-indent: 2em;
    margin: 0px 40px 40px;
}
```

效果如图 4-11 所示。

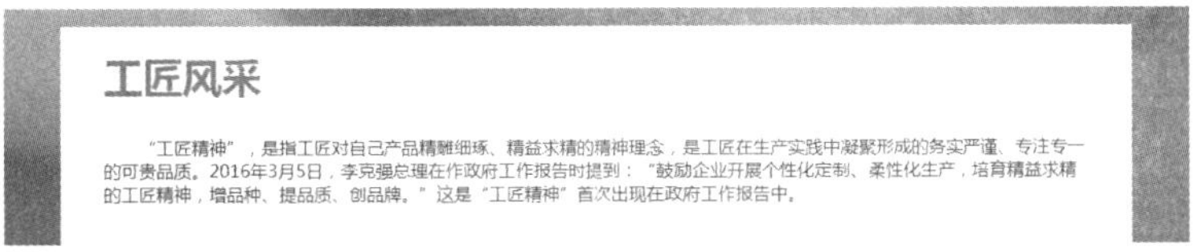

图 4-11　工匠风采 news 模块中标题和段落样式效果

（4）设置静态焦点图的样式。<div id="focus">盒子宽度为 780px,高度为 518px 与图片的大小一致;在其父盒子<div id="main">盒子中水平居中显示;定位方式为相对定位,没有设置偏移量,其目的是为实现该盒子中的子元素以已定位的直接父元素为起始进行绝对定位。通过设置 padding-bottom:60px;使得盒子具有白色底部。参考代码如下:

```
/*设置焦点图盒子的宽度,高度,居中显示*/
#focus{
    width: 780px;
    height: 518px;
    margin: 0 auto;
    position: relative;
    padding-bottom: 60px;
}
```

效果如图 4-12 所示。

图 4-12　焦点轮播图盒子样式效果

(5)设置左右切换按钮样式。首先清除超链接默认的下划线样式,再设置宽度、高度、行高、内容水平居中、字体大小、颜色、背景颜色以及透明度、圆角边框;最后 display:none;把该元素设置为不显示;cursor:pointer;把鼠标经过该超链接时样式变成小手的形状。参考代码如下:

```
/＊设置左右切换按钮样式＊/
#focus a{
    text-decoration: none;/＊取消超链接默认的下划线＊/
    width:30px;        /＊设置宽度,高度＊/
    height:100px;
    line-height: 100px;/＊设置行高与高度一致,使得内容垂直居中显示＊/
    text-align: center;/＊内容水平居中显示＊/
    font-size: 2em;        /＊字体大小为默认字体的2倍＊/
    color: white;        /＊字体颜色为白色＊/
    background-color:#333;/＊背景颜色＊/
    opacity: 0.7;            /＊不透明度设置为0.7＊/
    border-radius: 5px 5px;/＊设置边框圆角＊/
    display:none;            /＊设置超链接元素不显示＊/
    cursor:pointer;            /＊设置鼠标指针变成小手的形状＊/
}
```

没有设置 display:none;时效果如图 4-13 所示。

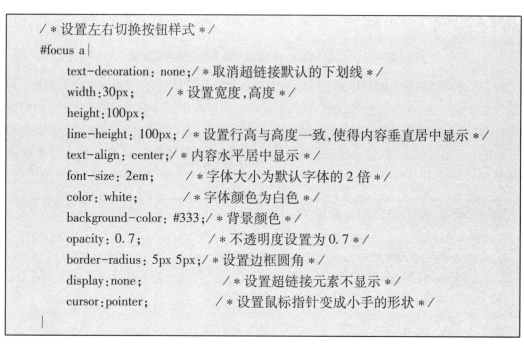

图 4-13　左右切换按钮没有设置 display:none;时的效果

设置 display:none;时,左右切换按钮隐藏起来了,如图 4-14 所示。

图 4-14　左右切换按钮设置 display:none;时的效果

再通过绝对定位方式和偏移属性实现左右切换按钮的定位,通过复合选择器 "#focus:hover a"实现鼠标经过<div id="focus">盒子时按钮显示的效果。参考代码 如下:

```
/*设置左切换按钮的位置,以已相对定位的 focus 盒子边框为起始位置进行绝对
定位*/
#focus .left_a{
    position: absolute;
    top:209px;            /*距离父盒子上边框 209px*/
    left: -15px;          /*距离父盒子左边框-15px*/
}
/*设置右切换按钮的位置,以已相对定位的 focus 盒子边框为起始位置进行绝对
定位*/
#focus .right_a{
    position: absolute;
    top:209px;            /*距离父盒子上边框 209px*/
    right: -15px;         /*距离父盒子右边框-15px*/
}
/*设置鼠标悬浮在<div id="focus">盒子上时,左右切换按钮显示*/
#focus:hover a{
display: block;
}
```

在这里定义了类选择器.left_a 和.right_a,所以在 project_4.html 里相应的两个超链接 <a>标记中要通过"class"属性引用这两个类选择器。参考代码如下:

```
<div id="focus">
    <img src="img/焦点图.jpg"/>
    <a href="#" class="left_a"><</a>
    <a href="#" class="right_a">></a>
```

效果如图 4-15 所示。

图 4-15　切换按钮定位效果

(6)设置焦点图圆点切换图标样式。首先,设置<ul>标记宽、高、行高、文字水平居中,背景样式半透明显示,圆角边框,通过绝对定位把无序列表定位到焦点图中右下角的位置。参考代码如下:

```
    /*设置焦点图圆点切换图标样式,定义无序列表的宽度,高度,文本居中显示,背
景色,透明度,圆角边框,定位*/
    #focus ul{
        width:200px;            /*宽度,高度,行高,文本居中显示*/
        height:20px;
        line-height:20px;
        text-align:center;
        background-color:rgba(255,255,255,0.5);  /*背景颜色为白色透明度为
0.5*/
        border-radius:8px;      /*圆角边框,水平垂直圆角都为8px*/
        position:absolute;      /*以已定位的父盒子<div id="focus">为起始进行绝对
定位*/
        right:30px;             /*距离父盒子<div id="focus">右边框距离为30px*/
        bottom:80px;            /*距离父盒子<div id="focus">下边框距离为80px*/
    }
```

再通过设置<li>标记的样式,实现圆点图标。其中第一个圆点图标作为当前获得焦点的图标,所以单独设置其样式。参考代码如下:

```
/* 通过设置<li>标记的样式,实现圆点图标 */
#focus li{
    display:inline-block;    /* 把<li>标记从块元素转换为行内块元素,使之一行
显示 */
    width: 10px;                /* 设置<li>标记宽,高,颜色 */
    height: 10px;
    background-color:#ccc;
    border-radius:50%;        /* 把圆角边框的水平和垂直的角度设置为50%,
可以把盒子变成圆形 */
    }
/* 设置第一个圆点图标获得焦点时的样式 */
#focus .focus_style{
    width: 20px;                /* 宽度增加为20px */
    background:#03BDE4;        /* 改变背景颜色 */
    border-radius:6px;        /* 改变圆角边框 */
    }
```

效果如图4-16所示。

图4-16　焦点图圆点切换图标样式效果图

(7)设置工匠事迹 exhibition 模块的样式。定义<div id="exhibition">的宽度、高度、背景色以及父盒子中居中显示。参考代码如下:

```
/* 设置<div id="pics">盒子的样式,定义宽度,高度,背景色,父盒子中居中显
示 */
    #pics{
```

```
        width:900px;
        height:320px;
        margin:0 auto;
    }
    /*设置<div id="pics">盒子的三个图片的位置,增加左外边距让三个图片均匀
分布*/
    #pics img{
        margin-left: 12px;
    }
```

效果如图 4-17 所示。

图 4-17　工匠事迹 exhibition 模块效果图

3-3 【知识扩展】

动态焦点轮播图可以运用 JavaScript 来实现,也可以运用 CSS 来实现。下面我们就来尝试运用 CSS 来实现动态焦点轮播图。

轮播图一般由多个宽度和高度一致的图片构成,所以我们需要准备 2 幅与焦点图大小一致的图片,并把图片保存到项目文件夹中的 img 文件夹中。

(1)修改 HTM 文件

在 project_4.html 文件中的<div id="focus">中添加一个<div id="contain">盒子作为展示容器,再在该盒子里添加<div id="photo">作为图片容器,把要轮播显示的三个图片在这个盒子里显示。参考代码如下:

```
<div id="focus">
    <div id="contain"> <!--展示容器-->
        <div id="photo"><!--图片容器-->
            <img src="img/jiaodian1.jpg"/>
                <img src="img/jiaodian2.jpg"/>
                <img src="img/jiaodian3.jpg"/>
        </div>
    </div>
```

```
                <a href="#" class="left_a"><</a>
                <a href="#" class="right_a">></a>
                <ul>
                    <li class="focus_style"></li>
                    <li></li>
                    <li></li>
                    <li></li>
                    <li></li>
                    <li></li>
                </ul>
        </div>
```

（2）增加 CSS 代码

在 project_4. css 文件中设置轮播图样式。参考代码如下：

```
/* 设置轮播图效果 */
/* <div id="contain">盒子作为展示容器,宽度和高度与图片的宽高一致 */
#contain{
    width: 780px;
    height: 518px;
    overflow: hidden;   /* 清除子元素浮动对父元素的影响 */
}
/* <div id="photo">盒子作为图片容器 */
#photo{
    width:2340px; /* 宽度为图片宽度 * 图片个数 */
    animation: switch 5s ease-out infinite;
    /* 定义动画名称为"switch",动画完成时间为"5s",动画的速度曲线为"ease
-out"即慢速结束动画;动画运行次数为"infinite"即永久持续运行 */
}
/* 展示的图片通过浮动实现从左至右显示 */
#focus img{
    float: left;
    width: 780px;
    height: 518px;
}
/* 设置关键帧 */
@keyframes switch {/* 当前动画是名称为"switch"的动画 */
    0%, 25% {/* "0%, 25%"为关键帧选择器,指的是从动画开始到25%,动
画容器的左外边距为 0 */
```

```
            margin-left: 0;
        }
    35%, 60% { /* 从动画 35% 到 60%, 动画容器的左外边距为-780px */
        margin-left: -780px; /* 第一幅图片移动距离 */
    }
    70%, 100% { /* 从动画 70% 到 100%, 动画容器的左外边距为-1560px */
        margin-left: -1560px; /* 第二幅图片移动距离 */
    }
}
```

注意：

（1）animation 属性是 CSS3 中定义复杂动画的属性，它是一个综合属性，其基本语法格式为：

animation：animation-name animation-duration animation-timing-function animation-delay animation-iteration-count animation-direction

- animation-name：定义要应用的动画名称，为后面要介绍的 @keyframes 动画规定名称。

- animation-duration：用于定义整个动画效果完成所需要的时间，以秒或毫秒计。

- animation-timing-function：用来规定动画的速度曲线，可以定义使用哪种方式来执行动画效果，包括 linear、ease-in、ease-out、ease-in-out、cubic-bezier(n,n,n,n) 等常用属性值。

- animation-delay：用于定义执行动画效果之前延迟的时间，即规定动画什么时候开始。

- animation-iteration-count：用于定义动画的播放次数，如果属性值为 number，则用于定义播放动画的次数，初始值为 1；如果是 infinite，则指定动画循环播放。

- animation-direction：定义当前动画播放的方向，即动画播放完成后是否逆向交替循环。默认值为 normal 表示动画每次都会正常显示。如果属性值是 "alternate"，则动画会在奇数次数（1、3、5 等）正常播放，而在偶数次数（2、4、6 等）逆向播放。

使用 animation 属性时必须指定 animation-name 和 animation-duration 属性，否则持续的时间为 0，并且永远不会播放动画。

（2）@keyframes 规则用于创建动画。在使用动画之前必须定义关键帧。一个关键帧表示动画过程中的一个状态，其语法格式如下：

```
@keyframes animationname {
    keyframes-selector{css-styles;}
}
```

- animationname：表示当前动画的名称，它将作为引用时的唯一标识，因此不能为空。一般与前面 animation 属性中定义的动画名称进行绑定。

• keyframes-selector:关键帧选择器,即指定当前关键帧要应用到整个动画过程中的位置,值可以是一个百分比、from 或者 to。其中,from 和 0%效果相同表示动画的开始,to 和 100%效果相同表示动画的结束。

• css-styles:定义执行到当前关键帧时对应的动画状态,由 CSS 样式属性进行定义,多个属性之间用分号分隔,不能为空。

以上两点内容是 CSS3 的高级应用。CSS3 提供了对动画的强大支持,可以实现过渡、变形和动画效果。感兴趣的同学可以对 CSS3 这些高级应用进行学习。

3-4 【实践训练】

最后请同学们完成页脚模块。训练内容主要是版权信息文字的位置设置和背景图像的设置。

1. 编写 html 代码

参考代码如下:

```
<div id="footer">
Copyright © 2014-2015 华新现代学院 版权所有
</div>
```

2. 编写 CSS 代码

在 project_4.css 文件添加 CSS 样式。定义整个模块的宽度为 100%,高度为 80px,和背景图像的高度一致,文本居中对齐显示,设置背景图像横向平铺。参考代码如下:

```
/*设置页脚样式.模块的宽度为 100%,高度为 80px,文本居中对齐显示,文字颜色,设置背景图像横向平铺*/
#footer{
width:100%;  /*宽度为 100%,页脚通栏显示*/
height:80px;/*和背景图像的高度一致*/
line-height:80px;
text-align:center;
color:white;
background:url(../img/footer_bg.jpg) repeat-x;/*背景图像横向平铺显示*/
}
```

效果如图 4-18 所示。

图 4-18 页脚模块效果

103

4 阶段4:项目总结

1. 制作项目时认真体会如何运用浮动和定位来实现页面元素的布局,总结归纳什么情况下使用浮动,什么情况下使用定位。

2. 注意浮动对其他元素的影响,对于元素的不同关系采用不同的消除浮动影响的方式。

3. 注意不同定位方式的起始位置的不同,确认对原空间位置是否保留以及不同的效果。思考不同的定位方式的应用场景。

4. 每完成一部分的代码,都要用浏览器查看效果,在过程中体验CSS神奇的修饰效果。

【考核评价】

考核点	考核标准				成绩比例(%)
	优	良	及格	不及格	
1. 在 HBuilderX 中建立项目和网页	创建项目、网页文件(包括路径、目录结构和命名)完全正确	创建项目、网页文件正确,路径、目录结构和命名基本正确	创建项目、网页文件(包括路径、目录结构和命名)基本正确	创建项目、网页文件(包括路径和命名)不正确	10
2. 图片素材引入项目和文本输入	图片素材引入img文件夹正确,文本输入完整、正确	图片素材引入img文件夹正确,或者文本输入基本正确	图片素材引入img文件夹基本正确,文本输入基本正确	图片素材引入img文件夹不正确,文本输入不完整、不正确	10
3. 搭建页面结构,设置背景图像和背景颜色	1. 在html中搭建整个页面结构 2. 在css中设置背景图像 3. 在CSS找那个设置背景颜色	三项要求中有1项不够准确	三项要求中有2处不正确	三项要求中有3项不正确	15
4. 主体main模块制作	1. 实现导航条 2. 实现news模块 3. 实现exhibition模块	三项要求中有1项不够准确	三项要求中有2处不正确	三项要求中有3项不正确	40
5. 页脚模块	1. 设置文本属性完全正确 2. 制作效果与样图完全一致	1. 设置文本属性正确 2. 制作效果与样图较一致	1. 设置文本属性基本正确 2. 制作效果与样图有一定差距	1. 设置文本属性不正确 2. 制作效果与样图不一致	10
7. 参与度	积极参与课程互动(包括签到、课堂讨论、投票等环节),效果好	较积极参与课程互动(包括签到、课堂讨论、投票等环节),效果较好	能参与课程互动(包括签到、课堂讨论、投票等环节),效果一般	不参与课程互动(包括签到、课堂讨论、投票等环节)	5

项目五 "社会主义核心价值观" 主题页制作

【项目介绍】

社会主义核心价值观是一个面向时代、立足现实，与中华民族传统文化承接、与社会主义先进文化相一致的体系。"倡导富强、民主、文明、和谐，倡导自由、平等、公正、法治，倡导爱国、敬业、诚信、友善"为主要内容的"三个倡导"是社会主义核心价值观的基本内容。培育和践行社会主义核心价值观有利于建设中华民族共有的精神家园，是推动形成奋发向上、崇德向善的强大力量。

希望同学们在学习制作该项目的过程中对社会主义核心价值观进行认真的学习和思考，认识到社会主义核心价值观是建设中华民族共有的精神家园，是全党全国人民团结奋斗的共同思想基础，是当代大学生树立培养良好的道德的保证，从而认真贯彻社会主义核心价值观，树立正确的人生观、价值观和世界观。

【知识目标】

1. 掌握列表标记，能够使用列表对网页中的信息进行简单的排序。
2. 掌握超链接标记，能够使用超链接实现页面间的跳转。
3. 熟悉列表样式的控制，能够运用 CSS 定义丰富的列表项目符号。
4. 了解 CSS 伪类，能够运用超链接伪类控制超链接。

【技能目标】

1. 能够运用无序列表制作导航条。
2. 能够使用超链接伪类实现超链接效果。
3. 能够运用 div 标记和浮动样式对页面进行布局。
4. 能够通过背景图片设置列表项目符号。

【素养目标】

1. 培养学生发现问题和解决问题的能力。
2. 提升学生知识的综合运用能力。
3. 加强学生的表达能力和沟通能力。

【思政目标】

通过社会主义核心价值观的学习，增强新时代青年大学生对社会主义核心价值观的认同，从而自觉贯彻社会主义核心价值观，树立正确的人生观、价值观和世界观。

1 阶段1:任务初探

1-1 【任务分析】

随着学习内容的增加,任务分析不仅限于页面布局的分析,还要从 HTML 方面来分析页面的结构,弄清楚每个模块里的内容需要通过哪些标记来实现,再从 CSS 方面来分析页面的样式效果,弄清楚可以通过哪些样式属性及其属性值来实现。

社会主义核心价值观主题页的页面效果如图 5-1 所示。

图 5-1　主题页效果

(网页素材来源:1. 人民网,2. 学习强国网)

1. 准备工作页面布局分析

(1)准备工作

在 HBuilderX 中建立项目,命名为 project_5,将图片素材拷贝到项目的 img 文件夹中。

(2)页面布局分析

根据网页效果图,可以将"社会主义核心价值观"主题页从上到下分为 3 个模块:导航模块、主体模块和页脚模块。主体模块又分为 banner 模块、研究解读模块、学习前沿模块三部分,如图 5-2 所示。

导航模块

banner模块

研究解读模块

主体模块

学习前沿模块

页脚模块

图 5-2　页面布局分析

（3）全局 CSS 样式分析

导航模块和页脚模块通栏显示，主体模块中的三个小模块宽为 980px 且居中显示。另外，页面背景为浅橙色，页面中的文字多为微软雅黑字体，可以通过 CSS 公共样式进行定义。在"导航"和"研究解读"模块，需要设置鼠标经过、悬停时超链接的状态。

2. 知识准备

根据网页设计样图分析，本次主题网页的训练重点是页面布局、水平导航条和多图文内容并排显示以及 CSS 样式设置。

（1）无序列表标记 ul

<ul>标记是双标记，是网页中最常用的列表，因为列表中的各列表项之间没有顺序级别之分，所以称之为无序列表。定义无序列表的基本语法格式如下：

<ul>

    <li>列表项 1</li>

    <li>列表项 2</li>

    <li>列表项 3</li>

    ……

</ul>

注意:

• <ul></ul>标记用于定义无序列表,表示无序列表的开始和结束。

• <li></li>必须嵌套在<ul></ul>标记内,相当于一个容器,用来实现列表项的显示。

• 每一对<ul></ul>标记必须至少有一对<li></li>与其配套使用。

• <ul></ul>、<li></li>都有 type 属性,用于指定不同样式的项目符号,缺省情况下默认的项目符号为"•"。

• <ul></ul>、<li></li>标记都为块标记,在标准流中将会已区域块的样式从上到下显示。

无序列表在网页制作中,通常会用于实现导航条和新闻列表。

例 1:运用无序列表实现导航条(参考代码如下)。

```
<! DOCTYPE html>
<html>
    <head>
        <meta charset = "utf-8">
        <title></title>
    </head>
    <body>
        <ul>
            <li><a href = "#">研究解读</a></li>
            <li><a href = "#">高校实践</a></li>
            <li><a href = "#">在线访谈</a></li>
            <li><a href = "#">学习资料</a></li>
            <li><a href = "#">读书推荐</a></li>
            <li><a href = "#">会员/登录</a></li>
        </ul>
    </body>
</html>
```

效果如图 5-3 所示。

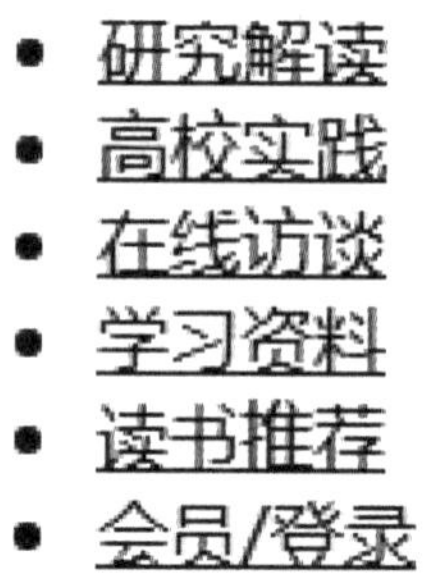

图 5-3 例 1 效果

例 1 只实现了导航条的结构,要有更美观的导航条还需 CSS 来修饰。

（2）定义列表 dl

<dl>标记是双标记,常用于对术语或名词的解释和描述,与无序列表不一样的是它没有项目符号。定义列表的基本语法格式如下:

<dl>

  <dt>名词 1</dt>

  <dd>名词 1 解释 1</dd>

  <dd>名词 1 解释 2</dd>

    <dt>名词 2</dt>

  <dd>名词 2 解释 1</dd>

  <dd>名词 2 解释 2</dd>

……

</dl>

注意:

● <dl></dl>标记用于定义定义列表的开始和结束。

● <dt></dt>、<dd></dd>嵌套于<dl></dl>标记内作为容器,<dt></dt>标记内为要解释的对象内容,可以是文字也可以是图片;<dd></dd>标记内则为对象的具体的解释或阐述。

● <dl></dl>、<dt></dt>、<dd></dd>标记均为块标记,在标准流中以区域块的样式从上至下显示。

● 定义列表与无序和有序列表不同,定义列表的列表项前没有任何项目符号。

例 2:运用定义列表来制作名词介绍,参考代码如下:

```html
<! DOCTYPE html>
<html>
    <head>
        <meta charset="utf-8">
        <title></title>
    </head>
    <body>
        <dl >
            <dt ><img src="img/pic01. jpg"/></dt>
            <dd ><a href="#">富强民主</a></dd>
            <dt ><img src="img/pic02. jpg"/></dt>
            <dd><a href="#">文明和谐</a></dd>
        </dl>
    </body>
</html>
```

效果如果 5-4 所示。

富强民主

文明和谐

图 5-4　例 2 效果

（3）超链接 a

<a></a>标记是双标记,用于定义超链接,把链接文本或图像嵌套在<a>标记里就可以实现。它的语法格式如下:

<a href＝"跳转目标"　target＝"目标窗口的弹出方式"> 文本或图像</a>

注意:

●href 属性不能缺省,用于指定跳转目标的地址,如果目标缺省,则用#代替,即 href＝"#"。

●<a></a>是行标记,在标准流中从左至右显示,不能设置宽度和高度属性。

●超链接文字具有字体为蓝色、加下划线的默认样式。在例 1 和例 2 里都使用了超链接标记,在效果图中可以看到超链接标记包含的文字都是蓝色加下划线。

（4）列表样式复合属性 list-style

list-style 是复合属性,用于设置列表的项目符号的样式。其语法格式如下:

list-style:列表项目符号 列表项目符号的位置 列表项目图像;

注意:

● list-style 属性是复合属性,它综合了 list-style-type、list-style-position、list-style-image 三个列表样式属性。使用 list-style 复合属性时,属性值必须按上面的语法顺序书写,不需要的可以省略。

在实际工作中,为了高效地控制列表项目符号,通常将 list-style 的属性值设置为 none,即 list-style:none;清除列表的默认项目符号,再通过为<li>设置背景图像的方式实现列表项目符号的控制。

例 3:给例 1 添加 CSS 代码 ul {list-style:none;} 清除列表项目符号,参考代码如下:

```
<! DOCTYPE html>
<html>
    <head>
        <meta charset = "utf-8">
        <title></title>
        <style>
            ul {
                list-style: none;
            }
        </style>
    </head>
    <body>
        <ul>
            <li><a href="#">研究解读</a></li>
            <li><a href="#">高校实践</a></li>
            <li><a href="#">在线访谈</a></li>
            <li><a href="#">学习资料</a></li>
            <li><a href="#">读书推荐</a></li>
            <li><a href="#">会员/登录</a></li>
        </ul>
    </body>
</html>
```

效果如图 5-5 所示。

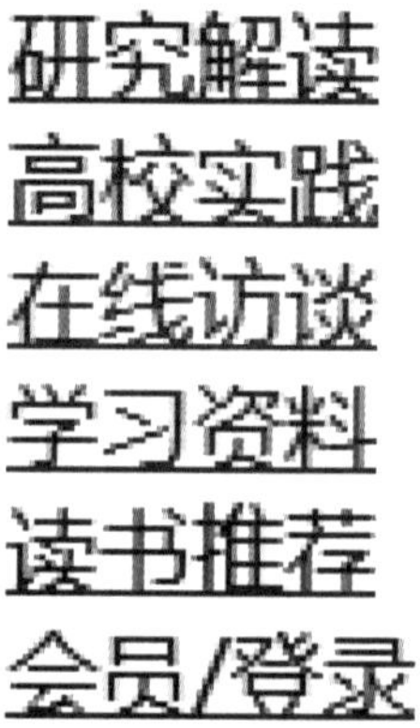

图 5-5　例 3 效果

（5）背景复合样式属性 background

background 是一个复合属性，可以将背景相关的样式都综合定义在这个复合属性中。其语法格式如下：

background：［ background － color ］ ［ background － image ］ ［ background － repeat ］ ［ background–attachment ］ ［ background–position ］ ［ background–size ］ ［ background–clip ］ ［ background–origin ］；

上面语法格式中，各个样式的属性值顺序可任意，不需要的可缺省。

● ［ background-color ］：设置背景颜色属性值，属性值为颜色值。

● ［ background-image ］：应用 url（图片路径）设置背景图像。

● ［ background-repeat ］：设置背景图像平铺样式，属性值包括 no－repeat（不平铺）、repeat（平铺）、repeat-x（横向平铺）、repeat-y（纵向平铺）。

● ［ background-attachment ］：设置背景图像固定样式，属性值包括 scroll（背景图像随元素一起滚动）、fixed（背景图像固定在屏幕上，不随元素一起滚动）。

● ［ background-position ］：设置的背景图像在被设置背景图像的父元素中的位置。

● ［ background-size ］：设置背景图像的大小。背景图像的大小如果设置不恰当，背景图像易产生变形，所以我们要想控制好背景图像的大小，一般只设置一个属性值。

● ［ background-clip ］：规定背景的裁剪区域。

● ［ background-origin ］：规定属性 background-position 相对于什么位置来定位。如果背景图像的 background-attachment 属性值为 fixed，则该属性没有效果。

（6）链接伪类

在 CSS 中，通过链接伪类可以实现不同的链接状态，使得超链接在点击前、点击后和鼠标悬停时的样式不同。伪类的名称是系统定义好的，前面加上标记名、类名或 id 名等选择器名，中间用"："隔开，语法格式如下：

选择器名:伪类名{CSS 样式规则}

超链接标记<a>的伪类有 4 种：

● a：link{ CSS 样式规则}：设置未访问时超链接的状态。

● a：visited{ CSS 样式规则}：设置访问后超链接的状态。

- a:hover{ CSS 样式规则}:设置鼠标经过、悬停时超链接的状态。
- a:active{ CSS 样式规则}:设置鼠标单击不放开时超链接的状态。

同时使用链接的 4 种伪类时,通常按照 a:link、a:visited、a:hover 和 a:active 的顺序书写,否则定义的样式可能不起作用。

1-2 【任务演示】

1. 效果分析

首先我们要运用 html 搭建页面结构。根据页面分析,"核心价值观"首页主要由导航模块、主体模块和页脚模块构成。主体模块又分为 banner 模块、研究解读模块、学习前沿模块三部分。我们可以运用三个<div>实现导航模块、主体模块和页脚模块,然后在主体模块即<div id="main">中嵌套三个<div>创建 banner 模块,研究解读模块和学习前沿模块。

2. 编写 html 代码

在网页开发工具中新建 project_5 项目,然后打开 index.html 文件修改文件名称为 project_5. html,在编辑区开始编写代码。

参考代码如下:

```
<! DOCTYPE html>
<html>
    <head>
        <meta charset="utf-8" />
        <title></title>
    </head>
    <body>
        <div id="head"></div>
        <div id="main">
            <div id="banner"></div>
            <div id="content"></div>
            <div id="study"></div>
        </div>
        <div id="footer"></div>
    </body>
</html>
```

思考:这样构建页面布局有什么优点?

3. CSS 公共样式分析

根据全局样式分析,整个页面背景色为浅橙色,文字多为微软雅黑字体,大小为 14px;所有的超链接都没有默认样式,所以我们可以取消超链接的默认的下划线样式,字体大小为 16px;除此之外,为了更好地控制盒子模型的宽和高,我们会清除标记默认内边距和外边距。

4. 编写 CSS 代码

在项目文件夹下的 CSS 文件内创建新的样式表文件,并命名为 projec_5.css。打开该文件,进入编辑区域,添加 CSS 代码。

参考代码如下:

```
*｛margin：0；padding：0；｝ /＊清除所有标记的默认的内外边距＊/
body｛
    background-color：#fff9ed；
    font-family："微软雅黑"；
    font-size：14px；
    ｝
a｛
    text-decoration：none； /＊取消超链接默认的下划线样式＊/
    font-size：16px；
    ｝
```

在 project_5.html 文件里的<head>标记里通过<link>标记链入 project_5.css 文件。

参考代码如下:

```
<head>
    <meta charset="utf-8" />
    <title>社会主义核心价值观</title>
    <link href="css/project_5.css" rel="stylesheet" type="text/css" />
</head>
```

2　阶段2:任务进阶

2-1 【任务分析】

本阶段我们要制作"header"导航模块,在该模块中我们主要训练如何使用无序列表来实现水平导航条的制作。首先我们对该模块进行页面结构的分析。

导航模块主要由 logo 图片和导航条构成。通过在<div id="header">首先嵌入<div id="nav">标记,再在该标记中分别嵌入图像标记<img/>显示 logo 图片和无序列表<ul>制作的导航条,六个<li>标记嵌入超链接<a>标记,<a>里嵌入超链接文本。结构如图 5-6所示。

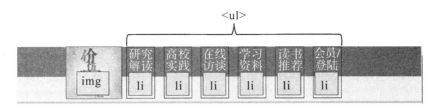

图 5-6　导航模块结构分析

2-2 【任务实施】

1. 编写 html 代码

在 project_5. html 文件里的<body>\<div id＝"header">标记里添加代码,搭建模块结构。注意超链接<a>标记内不能缺省 href 属性。

参考代码如下:

```
<div id="header">
    <div id="nav">
        <img src="img/logo.png"/>
        <ul>
            <li><a href="#">研究解读</a></li>
            <li><a href="#">高校实践</a></li>
            <li><a href="#">在线访谈</a></li>
            <li><a href="#">学习资料</a></li>
            <li><a href="#">读书推荐</a></li>
            <li><a href="#">会员/登录</a></li>
        </ul>
    </div>
</div>
```

效果如图 5-7 所示。

图 5-7　导航模块结构效果

2. 定义 CSS 样式

(1)任务分析

我们需要通过定义 CSS 样式把模块一从图 5-7 的效果转变为图 5-6 的样式。在该模块中,我们训练内容有两方面:一是如何运用元素类型转换把导航条从纵向显示变成

水平显示;二是如何运用超链接伪类实现鼠标经过超链接文本时的特效。具体要求如下:

　　整个模块通栏显示,且有背景图像;logo 图片和导航在整个模块中水平居中显示;文本超链接为白色且在橙色背景横条中垂直居中显示,当鼠标悬浮和点击时显示背景图像。

（2）编码实施

在 project_5.css 文件里添加代码。

①给<div id="header">定义宽度、高度、背景图像。该模块通栏显示,所以宽度可以设置为100%。高度则和背景图像一样高,背景图像为 head_bg.jpg,需要横向平铺;再给<div id="nav">定义宽度,宽度与第三、第四模块一样为980px,居中显示。参考代码如下:

```
#header{
    width: 100%;
    height: 128px;
    background: url(../img/head_bg.jpg) repeat-x;
}
/* 先设置盒子的宽度,再把盒子左右外边距的值设置为"auto"可以使盒子水平居中 */
#nav{
    width: 980px;
    margin: 0 auto;
}
```

②通过给<li>标签设置 display 属性把无序列表从上到下的显示样式,转换为从左到右。参考代码如下:

```
/* 把无序列表从块状元素转换成行内块元素,实现从上到下显示变成从左至右显示 */
#nav ul li{
    display: inline-block;
    width: 119px;
}
```

③设置超链接标记的样式。第一步先把<a>标记转换为行内块标记,才可以设置宽和高,宽度和高度都与悬浮效果时的背景图片一样;第二步把字体颜色设置为白色,水平居中;第三步通过增加 line-height 属性使文字在导航模块背景图像中的橙色横条中垂直居中显示。参考代码如下:

```
/* 设置超链接标记的样式 */
#nav a{
```

```
        display: inline-block;
        width: 119px;
        height: 91px;
        color: white;
        text-align: center;
        line-height: 64px;
    }
```

思考:如果不把超链接标记<a>从行标记转换为块标记,会有什么影响?

④设置超链接设置鼠标悬浮和点击时效果。再通过设置超链接伪类样式实现超链接鼠标悬浮、点击时的样式效果。参考代码如下:

```
/*设置超链接鼠标悬浮点击时的样式*/
#nav a:hover,#nav a:active{
    background: url(../img/xuanfu.png);
}
```

效果如图 5-8 所示。

图 5-8　导航模块效果

3　阶段 3:任务攻坚

3-1　【任务分析】

本阶段的任务是制作本主页中最大最复杂的主模块——main 模块。在该模块我们主要训练如何使用定义列表来实现图片+文字复杂的排版,从而对"核心价值观"几个概念进行解释说明。

main 模块由三个小模块构成。

第一,banner 模块比较简单,在<div id="banner">中<img>标记显示图片即可。

第二,content 模块比较复杂。该模块背景颜色有两种,所以需增加一个白色背景<div>,再在里面添加三个定义列表,每个定义列表里嵌入两个<dt>显示图片,两个<dd>显示文本超链接。

第三,study 模块前添加一个<h2>标记作为"学习前沿"标题;模块里则由四个小<dl>构成,每个<dl>里嵌套一个<dt>显示图片,两个<dd>一个显示标题,一个显示文本超链接。

效果如图 5-9 所示。

图 5-9　主模块效果

3-2　【任务实施】

1. 搭建模块结构

在 project_5. html 文件里的<body><div id="main">标记里添加代码,搭建模块结构。
参考代码如下:

```
<div id="main">
    <div id="banner">
        <img src="img/banner.jpg"/>
    </div>
    <div id="content">
        <div id="white_back">
            <dl id="left">
                <dt><img src="img/pic01.jpg"/></dt>
                <dd><a href="#">富强民主</a></dd>
                <dt><img src="img/pic02.jpg"/></dt>
                <dd><a href="#">文明和谐</a></dd>
            </dl>
            <dl id="center">
                <dt><img src="img/pic03.jpg"/></dt>
```

```
        <dd><a href="#">自由平等</a></dd>
        <dt><img src="img/pic04.jpg"/></dt>
        <dd><a href="#">公正法治</a></dd>
    </dl>
    <dl id="right">
        <dt><img src="img/pic05.jpg"/></dt>
        <dd><a href="#">爱国敬业</a></dd>
        <dt><img src="img/pic06.jpg"/></dt>
        <dd><a href="#">诚信友善</a></dd>
    </dl>
</div>
</div>
<h2>学习前沿</h2>
<div id="study">
    <dl id="s_1">
        <dt><img src="img/match01.jpg"/></dt>
        <dd>研究解读</dd>
        <dd><a href="#">快速学习通道</a></dd>
    </dl>
    <dl id="s_2">
        <dt><img src="img/match02.jpg"/></dt>
        <dd>高校实践</dd>
        <dd><a href="#">快速学习通道</a></dd>
    </dl>
    <dl id="s_3">
        <dt><img src="img/match03.jpg"/></dt>
        <dd>在线访谈</dd>
        <dd><a href="#">快速学习通道</a></dd>
    </dl>
    <dl id="s_4">
        <dt><img src="img/match04.jpg"/></dt>
        <dd>读书推荐</dd>
        <dd><a href="#">快速学习通道</a></dd>
    </dl>
</div>
</div>
```

结构搭建好后效果如图 5-10 所示。

图 5-10　main 模块结构搭建部分效果图

2. 定义 CSS 样式

搭建好 main 模块的页面结构,我们需要通过 CSS 代码来对页面的元素进行修饰。

在 project_5.css 文件里添加代码。

(1)给<div id="main">定义宽度、高度、并使其在<body>水平居中。

```
/*定义主模块的宽度为980px,水平居中*/
#main{
    width：980px；
    margin：0 auto；
}
```

(2)定义 content 模块的宽度为 980px,背景颜色为#ec6e47,上下内边距为 10px 使之与白色背景间隔,下外边距为 60px,使之与 study 模块间隔开。

```
#content{
    width：980px；
    background：#ec6e47；
    padding:10px 0；
    margin-bottom：60px；
}
```

(3)定义白色背景盒子<div id="white_back">的宽度为 910px,背景颜色为白色,水平居中。添加 overflow:hidden 键值对目的是清除子元素浮动对父元素的影响,即避免父元素收缩。

```
#content #white_back{
    width：910px；
    background-color：white；
```

网页设计与制作项目化实训教程

```
        margin：0px auto；
        padding：10px 10px；
        overflow：hidden；/＊通过对父元素添加 overflow：hidden 消除子元素对其的
影响＊/
    }
```

（4）定义 dl 的宽度为 294px，高度为 496px，左外边距为 10px，且浮动脱离标准流，使三个<dl>盒子从左至右排列显示。

```
    #content dl{
        width：292px；
        height：496px；
        margin-left：10px；
        float：left；
    }
```

（5）定义 dt 的宽度为 162px，高度为 243px，且浮动脱离标准流。

```
    #content dt{
        width：162px；
        height：243px；
        float：left；
    }
```

（6）定义 dd 的宽度为 117px，高度为 243px，内容水平垂直居中，且浮动脱离标准流。

```
    #content dd{
        width：117px；
        height：243px；
        text-align：center；
        line-height：243px；/＊把 line-height 属性值与盒子高度一致，文本内容可以
垂直居中显示＊/
        float：left；
    }
```

（7）设置超链接鼠标悬停、点击效果。第一步，把超链接标记由行元素转换成块元素；第二步，定义宽度为 117px，高度为 243px，字体颜色为白色，背景颜色为#910000；第三步，增加超链接伪类样式。

```
    #content a{
        display：block；
```

```
        width: 117px;
        height: 243px;
        color: white;
        background-color: #910000;
    }
    /* 给超链接增加鼠标悬浮点击的样式 */
    #content a:hover,#content a:active{
        background-color: #ec6e47;
    }
```

（8）给上一行的 dt/dd 增加下外边距，使得上下两行的内容有间隔。

```
    .up_style{
        margin-bottom: 10px;
    }
```

注意：在这里我们使用类选择器，因此在 project_5.html 文件里相应的对象标签里要通过 class 属性引用类 up_style。代码如下所示。

```
    <div id="white_back">
        <dl id="left">
        <dt class="up_style"><img src="img/pic01.jpg"/></dt>
            <dd class="up_style"><a href="#">富强民主</a></dd>
            <dt><img src="img/pic02.jpg"/></dt>
            <dd><a href="#">文明和谐</a></dd>
        </dl>
```

（9）定义"学习前沿"标题样式。

```
    #main h2{
        width: 260px;
        height: 45px;
        color: white;
        background-color: #EC6E47;
        text-align: center;
        line-height: 45px;
    }
```

（10）定义 study 模块的宽高、边框、白色背景颜色。

```
#study{
    width：980px；
    height：352px；
    border：1px solid #dcd2ba；
    background-color：white；
}
```

（11）定义 dl 的宽高、边框、浮动，通过设置左外边距使四个 dl 分散对齐，增加上外边距调整垂直方向位置。

```
#study dl{
    width：229px；
    height：328px；
    border：1px solid #dcd2ba；
    float：left；
    margin-left：11px；
    margin-top：10px；
}
```

（12）调整第二个 dl 中 dt 中图片高度，使其与其他图片的高度一样。注意：只定义高度，宽度会自动等比例减少，这样可避免图片的变形。

```
#s_2 img{
    height：212px；
}
```

（13）定义包含标题的<dd>样式。

```
.title{
    width：229px；
    height：66px；
    color：#7a7a7a；
    font-size：22px；
    text-align：center；
    line-height：66px；
}
```

（14）定义包含快速学习通道的<dd>样式。在这里，我们通过背景图像在"快速学习通道"文本前增加一个书本图标。步骤一，通过 background 综合属性设置背景颜色，背景图像路径,不平铺,背景图像左对齐,垂直居中;步骤二,通过设置左内边距,使得文本内容向左移动40px,避免图标背景与文字内容重叠;步骤三,修改超链接文本的颜色。

```css
.link{
    width: 160px;
    height: 38px;
    background: #EC6E47 url(../img/gouwu.jpg) no-repeat left center;
    padding-left: 40px;
    margin: 0 auto;
    text-align: center;
    line-height: 38px;
}
.link a{
    color: white;
}
```

注意:在第(13)、(14)中我们都定义的是类样式,因此需要在 project_5. html 文件里相应的对象标签里要通过 class 属性引用类 title 和类 link。代码如下所示:

```html
<dl id="s_1">
    <dt><img src="img/match01.jpg"/></dt>
    <dd class="title">研究解读</dd>
    <dd class="link"><a href="#">快速学习通道</a></dd>
</dl>
```

3-3 【知识扩展】

在制作主模块"学习前沿"模块中的(13)中,因为我们修饰的对象都是<dd>标记,所以我们通过定义两个类样式来分别修饰它们。除了这个方法外,我们可以使用结构化伪类选择器来实现。

结构化伪类选择器是 CSS3 中新增加的选择器。在这里我们选择使用:nth-of-type(n)选择器。:nth-of-type(n)选择器用于匹配属于父元素的特定类型的第 n 个子元素。参数 n 可以是数字也可以是 odd,即:nth-of-type(odd),即选择父元素中特定类型中排序为奇数的子元素修饰;如果是:nth-of-type(even)则是选择父元素的特定元素类型中排序为偶数的子元素修饰。

```html
<div id="study">
    <dl id="s_1">
        <dt><img src="img/match01.jpg"/></dt>
        <dd >研究解读</dd>
        <dd ><a href="#">快速学习通道</a></dd>
```

```
</dl>
<dl id="s_2">
        <dt><img src="img/match02. jpg"/></dt>
        <dd >高校实践</dd>
        <dd ><a href="#">快速学习通道</a></dd>
 </dl>
  <dl id="s_3">
        <dt><img src="img/match03. jpg"/></dt>
        <dd >在线访谈</dd>
        <dd ><a href="#">快速学习通道</a></dd>
</dl>
   <dl id="s_4">
       <dt><img src="img/match04. jpg"/></dt>
       <dd >读书推荐</dd>
       <dd ><a href="#">快速学习通道</a></dd>
</dl>
    </div>
```

观察一下 study 模块的结构代码,我们要修饰的包含标题的<dd>标记在 study 模块中排序都是奇数,而包含"快速学习通道"的<dd>标记的排序都是偶数,因此我们对它们的修饰可以分别使用:nth-of-type(odd)和:nth-of-type(even)选择器,在 project_5. css 里可以修改为:

```
/* 标题样式 */
#study dd:nth-of-type(odd) {
    width: 229px;
    height: 66px;
    color: #7a7a7a;
    font-size: 22px;
    text-align: center;
    line-height: 66px;
}
/* 快速通道样式 */
#study dd:nth-of-type(even) {
    width: 160px;
    height: 38px;
    background: #EC6E47 url(../img/gouwu.jpg) no-repeat left center;
    padding-left: 40px;
    margin: 0 auto;
```

```
        text-align: center;
        line-height: 38px;
    }
```

运用:nth-of-type(n)选择器来修饰对象后,我们就不需要在 html 文件增加 class 属性了。

除了:nth-of-type(n)选择器,结构伪类选择器还有:root、:not、:only-child、:first-child 和:last-child、:nth-child(n)和:nth-last-child(n)、:nth-last-of-type(n)、:empty、:target 等,希望同学们课后自己拓展学习。

3-4 【实践训练】

最后请同学们根据前面学习的内容完成页脚模块的制作。页脚模块比较简单,仅需在页脚模块里添加版权信息。然后再设置 CSS 样式。

1. 编写 HTML 代码

在 project_4. html 文件<div id="footer">里添加版权信息文字。参考代码如下:

```
<div id="footer">
            Copyright  2016-2021 HEXINJIAZHIGUANcom, All rights reserved.
<br />
            2016-2021,版权所有 华新现代 85CP 备 13385453
</div>
```

2. 编写 CSS 代码

在 project_4. css 文件添加 CSS 样式。添加 padding_top 调整文本内容垂直方向位置,设置 margin_top 属性目的是让页脚模块与前一个模块有间隔。参考代码如下:

```
#footer{
    width: 100%;
    height: 80px;
    color: white;
    background-color: #f3734e;
    text-align: center;
    padding-top: 40px;
    margin-top: 60px;
}
```

4 阶段4:项目总结

1. 制作项目时认真体会页面的布局、不同 HTML 标记的元素属性及其在标准流中显示效果。

2. 注意 HTML 中运用缩进来显示标记间的层级结构。标准的层级结构有助于我们对代码的理解和运用,尤其是对页面布局的掌握。

3. 在定义 CSS 代码时,注意选择器的选择运用,尤其是复合选择器的运用,思考在什么情况下使用哪种选择器才能避免 CSS 样式的重叠效果,以准确作用到目标对象上。

4. 每完成一部分的代码,都要用浏览器查看效果,在过程中体验 CSS 神奇的修饰效果。

【考核评价】

考核点	考核标准				成绩比例(%)
	优	良	及格	不及格	
1. 在 HBuilderX 中建立项目和网页	创建项目、网页文件(包括路径、目录结构和命名)完全正确	创建项目、网页文件正确,路径、目录结构和命名基本正确	创建项目、网页文件(包括路径、目录结构和命名)基本正确	创建项目、网页文件(包括路径和命名)不正确	10
2. 图片素材引入项目和文本输入	图片素材引入 img 文件夹正确,文本输入完整、正确	图片素材引入 img 文件夹正确,或者文本输入基本正确	图片素材引入 img 文件夹基本正确,文本输入基本正确	图片素材引入 img 文件夹不正确,文本输入不完整、不正确	10
3. 头部模块制作	1. 插入 logo 图像 2. 制作导航条 3. 设置超链接悬浮、点击效果	三项要求中有 1 项不够准确	三项要求中有 2 处不正确	三项要求中有 3 项不正确	15
4. "main" 模块制作	1. 插入 banner 图像 2. 制作 "content" 模块 3. 制作 "study" 模块	三项要求中有 1 项不够准确	三项要求中有 2 处不正确	三项要求中有 3 项不正确	40
5. "页脚" 模块	1. 设置文本属性完全正确 2. 制作效果与样图完全一致	1. 设置文本属性正确 2. 制作效果与样图较一致	1. 设置文本属性基本正确 2. 制作效果与样图有一定差距	1. 设置文本属性不正确 2. 制作效果与样图不一致	10
7. 参与度	积极参与课程互动(包括签到、课堂讨论、投票等环节),效果好	较积极参与课程互动(包括签到、课堂讨论、投票等环节),效果较好	能参与课程互动(包括签到、课堂讨论、投票等环节),效果一般	不参与课程互动(包括签到、课堂讨论、投票等环节)	5

项目六 "家乡美"主题页制作

【项目介绍】

　　四川,简称"川"或"蜀",省会成都,位于中国大陆西南腹地,自古就有"天府之国"之美誉,是中国西部门户,大熊猫故乡。四川历史悠久,文化灿烂,自然风光绚丽多彩,拥有九寨沟、黄龙、都江堰、青城山、乐山大佛、峨眉山、四姑娘山、稻城亚丁、三星堆、金沙遗址、武侯祠、杜甫草堂、宽窄巷子等享誉海内外的旅游景区。

　　在项目六中我们将设计制作"家乡美"的主题网页,通过展示介绍四川的秀丽风景、风土人情及新时代家乡发展新风貌,让同学们感受中华文化的韵味与魅力,感受家乡的美,感受我们生活的安宁与富足,从而增强当代青年大学生对国家对家乡的热爱之情,激励当代青年肩负起民族复兴和国家强盛的重任。

【知识目标】

　　1. 理解表格的构成,可以快速创建表格。

　　2. 掌握表格样式的控制,能够美化表格界面。

　　3. 理解表单的构成,可以快速创建表单。

　　4. 掌握表单相关标记,能够创建具有相应功能的表单控件。

　　5. 掌握表单样式的控制,能够美化表单界面。

【技能目标】

　　1. 能够运用表格进行布局。

　　2. 能够使用表单制作登录界面。

　　3. 能够运用CSS美化修饰表格和表单。

【素养目标】

　　1. 培养学生发现问题和解决问题的能力。

　　2. 提升学生知识的综合运用能力。

　　3. 加强学生的表达能力和沟通能力。

【思政目标】

　　在收集四川人文风景素材过程中,感受四川悠久的历史文化和独特的风景名胜,以及川人安逸的市井生活。对比百年前的中国,对比某些正处于战争中的国家和地区,我们应当认识到我们现在安宁与富足的生活源自中国共产党的正确领导,源自一代代中国人的坚忍不拔,勤劳奋斗。少年强则国强,作为中国的未来,我们每一位同学都应当自觉肩负重任,树立远大目标,为民族的复兴和国家的强盛而努力学习。

1 阶段1:任务初探

1-1 【任务分析】

"家乡美"主题页面的页面效果如图6-1所示。从效果图可以看出,该主题页分为三个模块。第一个模块和第二个模块有重叠;第二个模块的布局比较灵活,为左中右分布,也有四个小模块横向分布。我们如何实现模块的重叠这种复杂的布局呢?

图6-1 主题页效果

（网页素材资料来源:"四川文化旅游网"网站）

1. 准备工作

在HBuilderX中建立项目,命名为project_6,将图片素材拷贝到项目的img文件夹中。

2. 页面布局分析

根据网页效果图,可以将"家乡美"主题页从上到下分为3个模块:header模块、主体模块和页脚模块。header模块里包含导航模块和宣传语模块、主体模块又分为公告模块和人文风景介绍模块,如图6-2所示。

图 6-2　页面布局分析

（1）header 模块分析

该模块以四川著名的旅游景点作为背景图像,结构上可以分成水平导航和宣传语两个小模块。导航模块里包含 logo 图片和七个导航链接,在这里我们可以创建一个一行八列的表格来布局 logo 图片和导航文本。宣传语模块是一张文字图片,我们可以在<div>里嵌入<img>来实现。

（2）主体模块分析

该模块比较复杂,我们可以在该模块里创建两个表格来实现左中右布局和四个小模块的横向平均分布。第一个表格可以是四行三列,第二个表格为两行四列。

（3）页脚模块

该模块通过两个段落标记<p>可以实现。

3. 全局 CSS 样式分析

banner 模块和页脚模块通栏显示,banner 模块要添加背景图像;页脚模块要设置背景颜色。主体模块中的两个模块宽为 1000px 且居中显示。页面中的文字字体以微软雅黑为主,可以在全局 CSS 样式中设置。

1-2 【知识准备】

根据网页设计样图分析,本次主题网页的训练重点是通过表格来实现部分模块的结构、通过表单来制作登录界面。

1. 表格 table

<table>标记是双标记,即<table></table>,它们用于表示表格的开始和结束,或者说定义表格区域。表格是由行标记<tr></tr>和单元格标记<td></td>构成的。定义表格的基本语法格式如下:

<table>

    <tr>

        <td>单元格内的内容</td>

        ……

     </tr>

    ……

</table>

注意:

(1)<table></table>标记用于定义表格区域,表示表格的开始和结束。

(2)<tr></ltr>标记用于定义表格中的一行,必须嵌套在<table></table>标记内。一个表格中有几对<tr></ltr>标记,该表格就有几行。

(3)<td></td>标记用于定义表格中的一个单元格,它嵌套在<tr></tr>里,它是表格中的容器,包含要显示的网页内容。一对<tr></ltr>标记里有几对<td></td>标记,那么这行就有几个单元格或者说有几列。

(4)<table></table>标记具有 border 属性,默认值为 0,所以初定义的表格一般没有边框;还有 cellspacing 属性用于设置单元格与单元格之间的空白间距,如果单元格是一个盒子模型,那 cellspacing 类似于单元格盒子的外边距,默认值为 2px,所以初定义的表格中单元格之间的空白间距为 2px;cellpadding 属性则是用于设置单元格边框与单元格中内容之间的空白间距,如果单元格是一个盒子模型,那 cellpadding 类似于单元格盒子的内边距,默认值为 1px,所以初定义的表格中单元格边框与内容之间的空白间距为 1px。

(5)<tr></ltr>标记没有 width 属性,它的宽度由<table></table>标记的宽度决定。它具有 height 属性,设置行高;还有 align 属性,属性值为 left/center/right,用于设置一行里内容的水平对齐方式;valign 属性,属性值为 top/middle/tottom,用于设置一行里内容的垂直方向的对齐方式。

(6)<td></td>标记有宽 width、高 height 属性,也有水平对齐 align、垂直对齐 valign 属性,属性值与<tr>标记的一样,用于设置单元格内容的水平和垂直对齐方式。除此之外,<td>标记具有两个重要的属性——colspan 属性和 rowspan 属性,用于单元格的水平合并和垂直合并,其属性值为要合并的单元格个数。合并的方法我们将在主题模块中演示。

(7)<th></th>标记与<td></td>标记的作用一样,都是设置表格的单元格,区别是<th></th>标记被称为表格表头,一般在表格的第一行或第一列,且标记内的文字显示为粗体。

2. 表单 form

表单的作用是用来收集用户在客户端提交的各种信息,例如用户登录网站时的用户名和密码,表单会将收集此类的用户信息传递给服务器,服务器对这些信息进行保存或校验,可以说表单是用户和浏览器交互的重要媒介。

定义表单的基本语法格式如下:

<form action="url 地址" method="提交方式" name="表单名称">

　　　　各种表单控件

</form>

注意:

(1)<form></form>标记用于定义表单区域,即<form>表示表单区域的开始,</form>表示表单区域的结束。<form>标记的属性并不会直接影响表单的显示效果。但要想把用户提交的信息收集并传递到服务器,就必须在<form>与</form>之间添加相应表单控件。

(2)action 属性用于指定接收并处理表单数据的服务器程序的 url 地址。

(3)method 属性用于设置表单数据的提交方式,其取值为 get 或 post。get 提交的数据将显示在浏览器的地址栏中,保密性差且有数据量的限制。而 post 方式的保密性好,并且无数据量的限制,使用 method="post" 可以大量提交数据。

(4)name 属性用于指定表单的名称,以区分同一个页面中的多个表单。

3. input 控件

浏览网页时经常会看到单行文本输入框、单选按钮、复选框、提交按钮、重置按钮等,要想定义这些元素就需要使用 input 控件。定义 input 控件的语法格则如下:

<input type="控件类型"/>

注意:

(1)<input/>标记是单标记且是行标记,在标准流中从左至右显示,在<input/>标记中通过 type 属性的属性值的设置可以创建不同的控件。

(2)<input type="text"/>创建单行文本输入框,用来输入简短的信息,例如账号、用户名等。

(3)<input type="password"/>创建密码输入框用来输入密码,其内容将以圆点的形式显示。

(4)<input type="radio"/>创建单选按钮,用于单项选择,例如选择性别、是否操作等。一组单选按钮要实现单选效果,则必须给这组所有的单选按钮增加 name 属性,且 name 属性的属性值必须一致,否则所有的单选按钮都可以被选中。

例 1. 制作选择性别的单选按钮组

未设置 name 属性,参考代码如下:

```
<! DOCTYPE html>
<html>
    <head>
        <meta charset="utf-8">
```

```
            <title></title>
        </head>
        <body>
            <form>
                性别:<input type = "radio" />男
                <input type = "radio" />女
            </form>
        </body>
    </html>
```

未设置 name 属性时的单选按钮效果如图 6-3 所示。

性别: ◉男 ◉女

图 6-3　未设置 name 属性单选按钮的效果

设置 name 属性,参考代码如下:

```
<! DOCTYPE html>
<html>
    <head>
        <meta charset = "utf-8">
        <title></title>
    </head>
    <body>
        <form>
            性别:<input type = "radio" name = "sex" checked = "checked"/>男
            <input type = "radio" name = "sex" />女
        </form>
    </body>
</html>
```

其中两个单选按钮 input 控件的 name 属性都为"sex",就可以实现这两个单选按钮
中选中一个则另一个不可选中,即选中了"男",不可以同时选中"女"。<input/>标记中
的 checked = "checked"键值对,则是设置该单选按钮为默认选项。

设置 name 属性单选按钮的效果如图 6-4 所示。

性别: ◉男 ○女

图 6-4　设置 name 属性单选按钮的效果

(5)<input type = "checkbox" />用于创建多选按钮,用于多项选择,也可对其应用
checked = "checked"属性指定默认选中项。

（6）<input type="submit" />创建提交按钮,用来确认提交用户在表单中所有控件里输入的信息。提交按钮上默认的文本一般为"提交"。我们可以在<input/>中增加 value 属性,改变提交按钮上的默认文本, 例如<input type="submit" value="确认"/>,则按钮上的文本修改为"确认"。

（7）<input type="email" />创建用于输入电子邮件地址的输入框。

（8）<input type="button" />创建一般按钮,常常配合 javaScript 脚本语言使用,初学者了解即可。除了以上提到的 type 属性值,还有一些其他的属性值,大家可以查询了解。

（9）<input/>除了 type 属性,还有 name 用于设置控件名称;size 属性用于设置 input 控件在页面中的显示宽度;而 maxlength 属性则用于设置控件允许输入的最多字符数。如果<input/>标记里增加 readonly="readonly"键值对,则该控件内容为只读(不能编辑修改);如果<input/>标记里增加 disabled="disabled"键值对,则第一次加载页面时禁用该控件(显示为灰色)。

4. textarea 控件

textarea 控件可以创建多行文本输入框,例如让用户输入商品评价信息的文本框。

语法格式如下:

<textarea cols="每行中的字符数" rows="显示的行数">

　　文本内容

</textarea>

注意:

（1）cols 属性:设置多行文本输入框中每行可以输入的字数。

（2）rows 属性:设置多行文本输入框中可以输入的行数。

（3）各浏览器对 cols 和 rows 属性的理解不同,当对 textarea 控件应用 cols 和 rows 属性时,多行文本输入框在各浏览器中的显示效果可能会有差异。所以在实际工作中,更常用的方法是使用 CSS 的 width 和 height 属性来定义多行文本输入框的宽和高。

5. select 控件

select 控件用于创建包含多个选项的下拉菜单。例如年月日选择或者省份选择。select 控件定义下拉菜单的基本语法格式如下:

<select>

　　<option>选项 1</option>

　　<option>选项 2</option>

　　<option>选项 3</option>

　　…

</select>

注意:

（1）<select></select>标记为双标记,表示下拉菜单的开始和结束。

（2）<select></select>标记可以添加 size 属性用于设置下拉菜单中的可见选项数,其属性值需为正整数;也可以添加 multiple="multiple"键值对,将下拉菜单设置为具有多项选择的功能,方法是按住 ctrl 键同时选择多个下拉菜单中的选项。

(3)<option></option>标记为双标记,它必须嵌套在<select></select>标记里作为容器,用于包含具体的选项内容。<select></select>标记里必须包含一对<option></option>标记。<option>标记里若添加 selected="selected"键值对,该选择则为默认选中项。

(4)<select></select>标记可以嵌套<optgroup></optgroup>标记对选项进行分组,<optgroup></optgroup>标记里嵌套<option></option>定义每组里的选项。注意<optgroup>标记里必须有一个 label 属性用来设置组名。

具体的语法格式如下:

```
<select>
<optgroup label="组名">
    <option>选项 1</option>
    <option>选项 2</option>
    <option>选项 3</option>
</optgroup>
…
</select>
```

例 2:制作分组下拉菜单(参考代码如下)

```
<! DOCTYPE html>
<html>
    <head>
        <meta charset="utf-8">
        <title></title>
    </head>
    <body>
        <form>
            <select>
                <optgroup label="四川省">
                    <option>成都</option>
                    <option>德阳</option>
                    <option>绵阳</option>
                    <option>宜宾</option>
                </optgroup>
                <optgroup label="重庆市">
                    <option>沙坪坝区</option>
                    <option>渝中区</option>
                    <option>江北区</option>
                    <option>北碚区</option>
```

135

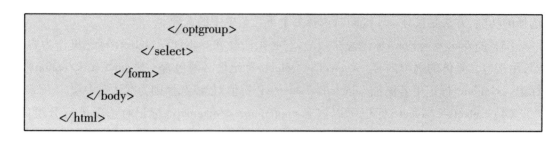

```
                            </optgroup>
                        </select>
                    </form>
                </body>
            </html>
```

效果如图 6-5 所示。

图 6-5　分组下拉菜单效果

1-3　【任务演示】

1. 任务分析

（1）搭建页面结构

根据页面分析，"家乡美"首页主要由 header 模块、主体模块和页脚模块构成。header 模块内嵌套导航模块和宣传语模块。主体模块里嵌套公告模块和人文风景介绍模块。页脚模块比较简单，嵌套两个段落标记即可。

（2）定义 CSS 公共样式

根据全局样式分析，整个页面文字多为大小为 12px，颜色为 #646464 的微软雅黑字体；为了更好地控制盒子模型的宽和高，我们会清除标记默认内边距和外边距。

2. 代码实现

（1）搭建页面结构

在开发工具中新建 project_6 项目。然后在 project_6 项目文件夹中打开 index.html 文件，修改文件名称为 project_6.html，在编辑区开始编写代码。首先根据任务分析用 div 创建三大模块。

参考代码如下：

```
<html>
    <head>
        <meta charset="utf-8" />
        <title>家乡美</title>
    </head>
    <body>
        <div id="header"></div>
        <div id="main"></div>
        <div id="footer"></div>
    </body>
</html>
```

(2)定义全局 CSS 样式

在项目文件夹下的 CSS 文件内创建新的样式表文件命名为 projec_6. css。打开该文件,进入编辑区域,添加 CSS 代码。

参考代码如下:

```
* {margin: 0;padding: 0;} /* 清除所有标记的默认的内外边距 */
body {
    background-color: #646464;
    font-family: "微软雅黑";
    font-size: 12px;
}
```

在 project_6. html 文件里的<head>标记里通过<link>标记链入 project_6. css 文件。

参考代码如下:

```
<head>
    <meta charset="utf-8" />
    <title>家乡美</title>
    <link href="css/project_6. css" rel="stylesheet" type="text/css" />
</head>
```

2 阶段 2:任务进阶

2-1 【任务分析】

本阶段的任务是制作 header 导航模块。

1. 搭建模块结构

在 header 模块中有导航模块和宣传语模块两个小模块。导航模块我们选择一个一行八列的表格来实现 logo 图片的嵌入和导航文本的布局。宣传语模块我们还是用<div>里嵌入<img>来实现。header 模块结构如图 6-6 所示。

图 6-6　header 模块结构分析

2. 定义 CSS 样式

我们需要通过定义 CSS 样式把 header 模块从图 6-7 的样式转变为图 6-6 的样式。

header 模块设置了背景图像,模块大小与背景图像大小一致;logo 图片和文本导航嵌套在表格里,该表格在整个模块顶部且水平居中显示,同时设置了背景图像,取消文本超链接下划线修饰和字体颜色为蓝色的默认样式,把字体颜色设置为白色。宣传语模块需要通过设置宽度 width 属性值来缩小一点,再通过额增加左外边距 margin-left 调整位置。

2-2　【任务实施】

1. 搭建模块结构

在 project_6. html 文件里的<body> <div id = " header" >标记里添加代码,搭建模块结构。

参考代码如下:

```
<div id = " header" >
    <table id = " nav" >
        <tr>
            <td><img src = " img/logo.png" /></td>
            <td><a href = " #" >首　页</a></td>
            <td><a href = " #" >悠闲好光景</a></td>
            <td><a href = " #" >文艺慢生活</a></td>
            <td><a href = " #" >吃货藏宝图</a></td>
            <td><a href = " #" >街巷故事汇</a></td>
            <td><a href = " #" >出行小管家</a></td>
            <td><a href = " #" >联系我们</a></td>
        </tr>
    </table>
```

```
            <div id="text">
                <img src="img/pic_1.png" />
            </div>
        </div>
```

效果如图6-7所示。

图6-7   header 模块结构效果

2. 定义 CSS 样式

在 project_6 项目下的 CSS 文件夹中打开 project_6.css 文件,然后打开该文件并添加代码。

(1)给<div id="header">定义宽度、高度、背景图像。该模块大小与背景图像一致,所以查看背景图像的大小后,可以把宽度设置为 1 400px,高度为 650px,通过 margin 属性值使该模块在<body>里居中显示,增加背景图像 bj_1.jpg。

```
/*定义 header 模块的宽度、高度、背景图像*/
#header{
    width: 1400px;
    height: 650px;
    margin: 0 auto;
    background: url(../img/bj_1.jpg) no-repeat;
}
```

(2)再给<table id="nav">定义宽度为 1 000px,高度为 70px,居中显示;背景图像为 bj.png,水平平铺。

```
/*定义 nav 表格的宽度、高度、背景图像*/
#nav{
    width: 1000px;
    height: 70px;
    margin: 0 auto;
    background: url(../img/bj.png) repeat-x;
}
```

(3)设置单元格 td 的样式,宽度为 105px,字体颜色为白色,字体大小为 16px。

```
/*定义 nav 表格中单元格 td 的宽度、高度、文本颜色*/
#nav td{
    width: 105px;
```

```
        color：white；
        font-size：16px；
    }
```

（4）设置 logo 图片 img 的样式，宽度为 262px，增加右内边距 padding-right 使得 logo 图片与文本超链接之间有间隔。

```
/* 定义 logo 图像的宽度以及与文本超链接的间隔 */
#nav img{
    width：262px；
    padding-right：20px；
}
```

（5）清除超链接增加下划线和字体蓝色的默认样式。

```
/* 清除文本超链接的默认样式 */
#nav a{
    text-decoration：none；
    color：white；
}
```

（6）设置宣传语模块中图片 img 的样式，把宽度设置得比原图片窄一点，使得图片缩小一点，注意只需要设置宽度即可，高度将会自动等比例缩小。增加左外边距 margin-left 为 200px，使得图片往右移动 200px。

```
/* 定义宣传语图像的宽度以及位置 */
#text img{
    width：520px；
    margin-left：200px ；
}
```

效果如图 6-8 所示。

图 6-8　header 模块完成效果

3　阶段 3：任务攻坚

3-1　【任务分析】

本阶段我们要完成主模块的结构搭建，并编写 CSS 代码对其进行修饰，以实现网页的设计效果。

1. 搭建模块结构

主模块由两个小模块构成，这两个小模块我们将运用表格来实现布局。

首先创建一个两行一列的表格。在表格中的第一行的单元格里嵌套一个四行三列的表格来实现公告模块；在表格的第二行的单元格里嵌套一个两行四列的表格来实现人文风景介绍模块。主模块结构如图 6-9 所示。

图 6-9　主模块结构分析图

2. 定义 CSS 样式

首先，要定义主模块的宽度为 1 000px 并使其在水平居中。再定义各子模块样式。

把公告模块的 announce 表格样式设置为:宽度 1 000px,背景颜色为白色,通过添加 float 属性使之浮动脱离标准流,并设置其上外边距为负值-20px,使模块向上移动,实现与第一个模块重叠。

3-2 【任务实施】

1. html 搭建主模块结构

在 project_6. html 文件里的<body>\<div id = " main" >标记里添加代码,搭建模块结构。

公告模块的表格 id 为"announce";人文风景介绍模块的表格 id 为"presentation"。

```
<div id=" main" >
        <table>
            <tr>
                <td>
                    <table id=" announce" >
                        <tr><td></td><td></td><td></td></tr>
                        <tr><td></td><td></td><td></td></tr>
                        <tr><td></td><td></td><td></td></tr>
                        <tr><td></td><td></td><td></td></tr>
                    </table>
                </td>
            </tr>
            <tr>
                <td>
                    <table id=" presentation" >
                        <tr><td></td><td></td><td></td><td></td></tr>
                        <tr><td></td><td></td><td></td><td></td></tr>
                    </table>
                </td>
            </tr>
        </table>
    </div>
```

主模块的结构搭建好后,我们把相关的文字和图片素材填充进相应的单元格中。

(1)在<table id=" announce" >单元格里添加内容。

● 单元格第一行结构内容设置

在第一行第一个单元格<td>中添加属性 width = " 300p" 设置该列单元格的宽度为

"300px"。然后在该单元格标记里嵌入<h2>   悠闲好光景<h2>," "是空格的转义字符,在这里通过添加四个 让标题往右移动。

在第一行第二个单元格<td>中添加属性 width="420px" align="center" 设置该列单元格的宽度为"420px",内容水平居中显示。然后在该单元格标记里内嵌入<img src="img/pic_3.png" />。

在第一行第三个单元格 <td>添加属性 width="280p" 设置该列单元格的宽度为"280px"。然后在该单元格标记里内嵌入<img src="img/pic_7.jpg"/>。参考代码如下:

```
<table id="announce">
<! —第一行单元格结构内容设置-->
   <tr>
      <td width="300px"><h2>    悠闲好光景</h2></td>
      <td width="420px" align="center"><img src="img/pic_3.png" /></td>
      <td width="280px"><img src="img/pic_7.jpg"/></td>
   </tr>
```

● 单元格第二行结构内容设置

在第二行第一个单元格<td>内添加属性 rowspan="3" align="center",实现往下纵向合并三个单元格成为一个单元格,内容水平居中显示。然后在该单元格标记内嵌入<img src="img/pic_4.jpg"/>。注意纵向合并单元格的步骤:①在最上面的单元格<td>标记添加键值对 rowspan="3";②删除下面两行对应列的<td></td>。

在第二行第二个单元格<td>内,先添加<h4>标题标记设置标题内容,在<h4>标记内添加 align="center" 属性使标题居中;再添加<p>段落标记设置介绍文本内容;最后增加一个水平线标记<hr>,在该标记内增加 style="border:1px dashed #c8c8c8" 行内式 CSS 样式,使之显示为灰色虚线。

在第二行第三个单元格<td>内添加属性 rowspan="3" align="center",实现往下纵向合并三个单元格成为一个单元格,在合并后的单元格内添加<form>表单标记添加表单区域,在表单标记内添加相关表单控件。在这里,我们使用了邮箱地址控件、密码控件、单选按钮控件、单行文本控件、图像控件。需要注意的是单选按钮控件,必须给同组的每个控件添加 name 属性,且属性值相同,这样才能实现单选效果。参考代码如下:

```
<! --第二行单元格结构内容设置-->
   <tr>
      <! --纵向合并 3 个单元格:1. 在最上面的单元格<td>标记添加键值对"row-span="3"";
      2. 删除下面两行对应列的<td></td>。-->
      <td rowspan="3" align="center"><img src="img/pic_4.jpg"/></td>
      <td>
```

143

```
        <h4 align="center">您的所想与未见,都值得去实现</h4>
        <p>你渴望的彼岸和远方…去你想去的地方、吃你想吃的美食、看你想看
的风景 …[详细]</p>
        <! --给水平线 hr 标记通过 CSS 内嵌式设置为虚线水平线-->
        <hr style="border:1px dashed #c8c8c8"/>
    </td>
    <td rowspan="3">
        <form name="login">
            <p>常用邮箱:<input type="email"/></p>
            <p>登录密码:<input type="password"/></p>
            <p>再次输入秘密:<input type="password"/></p>
            <! --单选按钮控件,必须同组的每个控件添加 name 属性,且属性
值相同,才能实现单选效果-->
            <p>学     历:<input type="radio" name
="edu"/>研究生     <input type="radio" name="edu"/>本
科     <input type="radio" name="edu"/>大专</p>
            <p>验证码:<input type="text"/><img src="img/yzm.jpg"/></p>
            <div>
                <inputtype="image" src="img/anniu.jpg"/>  
  
                <input type="image" src="img/anniu2.jpg"/>
            </div>
        </form>
    </td>
</tr>
```

● 单元格第三行、第四行结构内容设置

（1）与第二行的第二个单元格一样,在第三行、第四行的第二个单元格<td>内通过
<h4>标记包含标题文本内容和段落标记<p>添加介绍文本内容,以及<hr>水平线标记。

```
        <! --第三行单元格结构内容设置-->
<tr>
    <td>
        <h4 align="center">四川,美食之都! </h4>
        <p>对于许多游客而言,享受当地的美食绝对是旅行计划的"必选"项目。
如果美味的佳肴是你行程中的重点,那么来四川一定不会让你失望 …[详细]</p>
        <hr style="border:1px dashed #c8c8c8"/>
```

```
        </td>
    </tr>
    <! --第四行单元格结构内容设置-->
    <tr>
        <td>
            <h4 align="center">天府之国屯聚的安逸风气</h4>
            <p>一步繁华,一步安逸,四川慢生活是我们想而不可得的悠闲 …［详
细］</p>
            <hr style="border:1px dashed #c8c8c8"/>
        </td>
    </tr>
        </table>
```

（2）在<table id="presentation">单元格里添加内容。

• 单元格第一行结构内容设置

在表格的第一行<tr>开始标记内添加 align="center" valign="middle" 属性,使第一行中的四个单元格的内容水平垂直居中显示。

然后在该行的第一个单元格标记<td>开始标记内添加 width="246px" height="210px",使四个单元格的高度都为 210px。

四个单元格中都添加<img/>图像标记,把 4 张介绍四川人文风景的图片引入。

参考代码如下:

```
    <table id="presentation">
    <! --第一行单元格结构内容设置-->
        <tr align="center" valign="middle">
            <td width="246px" height="210px"><img src="img/img_1.jpg"/></
td>
            <td><img src="img/img_2.jpg"/></td>
            <td><img src="img/img_3.jpg"/></td>
            <td><img src="img/img_4.jpg"/></td>
        </tr>
```

• 单元格第二行结构内容设置

在表格的第二行中的每个单元格中添加<h3>标题标记并添加文字标题内容,再添加<p>段落标记,把相关的文字介绍内容引入。

```
<!--第二行单元格结构内容设置-->
<tr id="second_line">
    <td>
        <h3>德阳 三星堆博物馆</h3>
        <p>·三星堆文化是中华文明的重要组成部分<br />·是人类文明
共同的瑰宝<br />·让我们一起"走进三星堆读懂中华文明<br />·……</p>
    </td>
    <td>
        <h3>阿坝州 理县 毕棚沟</h3>
        <p>·雪山秋色<br />·纯净无瑕<br />·金秋的毕棚沟,让人心向
往之<br />·……</p>
    </td>
    <td>
        <h3>泡在茶馆里,埋在藤椅上</h3>
        <p>.在慵懒的某个下午<br />·泡在茶馆里,埋在藤椅上,捧着一壶
碗茶<br />·这样的生活才是真正的成都慢生活<br />·……</p>
    </td>
    <td>
        <h3>串串香</h3>
        <p>·一次性的纯红油<br />·味浓味厚<br />·麻辣适口<br />
·……</p>
    </td>
    </tr>
</table>
```

2. 定义 CSS 样式

在 project_6. css 文件里添加代码。

(1)给<div id="main">定义宽度、高度、水平居中。

```
/*定义主模块样式*/
#main{
    width: 1000px;
    margin:0 auto;
}
```

(2)定义 announce 表格的宽度 1 000px,背景颜色为白色,上外边距为-20px,使之与 header 模块重叠。

```
#main #announce{
    width: 1000px;
```

```
        background: white;
        float: left;
        margin-top: -60px;
    }
```

（3）定义公告模块中第二列中介绍文字的段落样式：首行缩进两个字。

```
/*定义公告模块中第二列中介绍文字段落的样式:首行缩进两个字 */
#main #announce p{
    text-indent: 2em;
}
```

（4）定义表单的样式，增加左外边距，使之与第二列的内容有间隔。

```
#main #announce form{
    margin-left:20px ;
}
```

（5）定义表单标记中的段落标记样式：取消首行缩进 2 个字符，高度为 40px，行高为 40px，实现内容垂直方向居中显示，通过背景图像的设置，增加表单控件提示信息前的必填提示符号，左内边距 10px 使符号与文字间隔开，左外边距 10px 使段落内容向右移动显示。

```
#main #announce form p{
    text-indent: 0em;
    height: 40px;
    line-height:40px;
    background: url(../img/hd.png) no-repeat left center;
    padding-left: 10px;
    margin-left: 10px;
}
```

（6）定义表单区域里验证码图片样式：在段落标记内垂直方向居中显示。

```
#main #announce form p img{
    vertical-align: middle;
}
```

（7）定义表单区域里 div 样式：内容居中显示，高度为 50px，上内边距为 20px。

```
/*定义表单区域里 div 样式:内容居中显示,高度为 50px,上内边距为 20px */
#main #announce form div {
```

```
        text-align: center;
        height: 50px;
        padding-top: 20px;
    }
```

（8）定义人文风景介绍表格样式：宽度为 1 000px，上下外边距 10px，左右外边距自动居中对齐。

```
/*定义人文风景介绍表格样式：宽度，上下外边距为 10px，左右外边距自动居中
对齐*/
#main #presentation{
    width: 1000px;
    margin: 10px auto;
}
```

（9）定义人文风景介绍表格中图片样式：通过定义宽度为 232px，使四个图像等比例缩小。

```
/*定义人文风景介绍表格中图片样式：通过定义宽度为 232px，使四个图像等比
例缩小*/
#main #presentation td img{
    width: 232px;
}
```

（10）定义人文风景介绍表格中第二行的单元格格式：文本左对齐，左内边距为 15px，上内边距为 20px，使单元格里的内容左移 15px，下移 20px 显示。

```
/*定义人文风景介绍表格中第二行的单元格格式：文本左对齐，左内边距为
15px，上内边距为 20px，使单元格里的内容左移 15px，下移 20px 显示*/
#second_line td{
    text-align: left;
    padding-left: 15px;
    padding-top: 20px;
}
```

（11）定义 presentation 表格中第二行内 h3 标记的样式：高度为 30px，颜色为#c81818，文字以正常粗细显示。

```
/*定义 presentation 表格中第二行内 h3 标记的样式：高度为 30px，颜色为
#c81818，文字以正常粗细显示*/
```

```
#second_line td h3{
    height: 30px;
    color: #c81818;
    font-weight: 400;
}
```

（12）定义 presentation 表格中第二行内 p 标记的样式:行高为 25px,使段落标记的每一行间距为 25px 显示。

```
/*定义 presentation 表格中第二行内 p 标记的样式:行高为 25px,使段落标记的每一行间距为 25px 显示*/
#second_line td p{
    line-height: 25px;
}
```

3-3 【知识扩展】

在运用表单来实现单选按钮和多选按钮时,我们只能点击按钮来实现选择,选择范围较小。为了给用户提供更好的体验,我们可以通过<label>标记与单选按钮或者多项按钮配合使用来扩大控件的选择范围,可以把按钮相关的文字信息作为选择范围。

例如在选择性别时,希望单击提示文字"男"或者"女"也可以选中相应的单选按钮。参考代码如下:

```
<input type="radio" name="sex" checked="checked" id="man" />
<label for="man">男</label>
<input type="radio" name="sex" id="woman" />
<label for="woman">女</label>
```

注意:

（1）<label>标记是双标记且为行标记,在标准流中从左至右显示。

（2）要实现选择范围扩大效果,第一步要给 input 控件增加 id 属性;第二步把要扩选的内容用<lable>标记包含起来;第三步在<lable>标记里添加 for 属性,其属性值为扩选内容所需绑定的 input 控件的 id 名称。例如<label for="man">男</label>中,扩选的范围为文字"男",绑定的是其前面 id 名为"man"的单选按钮。

网页中的学历单选按钮实现扩选效果后的参考代码如下:

```
<p>学     历:
<input type="radio" name="edu" id="graduate"/><label for="graduate">研究生
</label>    
<input type="radio" name="edu" id="undergraduate"/><label for="undergraduate">
```

```
本科</label>    
    <input type="radio" name="edu" id="junior"/><label for="junior">大专
</label>
    </p>
```

3-4 【实践训练】

最后请同学们完成页脚模块的制作。

页脚模块比较简单,仅需在页脚模块里添加版权信息,再设置 CSS 样式。

1. 编写 html 代码

参考代码如下:

```
<div id="footer">
    <p>招聘信息|合作伙伴|友情链接|联系我们</p>
    <p>Copyright 2014—2015 华新现代学院 版权所有</p>
</div>
```

2. 编写 CSS 代码

在 project_6.css 文件添加 CSS 样式。定义整个模块的宽度为 100%,高度为 160px,背景颜色为#eeeeee,文本居中对齐,上内边距为 50px,让文本下移 50px 显示。定义模块中的段落标记的行高为 40px,让两个段落文本间隔 40px 显示。参考代码如下:

```
/*定义页脚模块的样式:宽度为100%,高度为160px,背景颜色为#eeeeee,文本居
中对齐,上内边距为50px,让文本下移50px显示*/
#footer{
    width: 100%;
    height: 160px;
    background-color: #eeeeee;
    text-align: center;
    padding-top: 50px;
}
/*定义页脚模块中段落标记样式:行高为40px,让两个段落文本间隔40px显
示*/
#footer p{
    line-height: 40px;
}
```

4 阶段4:项目总结

1. 制作项目时认真体会如何运用表格来实现页面的布局,什么情况下使用表格布局优于 div 布局。

2. 注意表单的运用,以及如何运用 CSS 修饰表单控件样式。

3. 每完成一部分的代码,都要用浏览器查看效果,在过程中体验 CSS 神奇的修饰效果。

【考核评价】

考核点	考核标准				成绩比例(%)
	优	良	及格	不及格	
1. 在 HBuilderX 中建立项目和网页	创建项目、网页文件(包括路径、目录结构和命名)完全正确	创建项目、网页文件正确,路径、目录结构和命名基本正确	创建项目、网页文件(包括路径、目录结构和命名)基本正确	创建项目、网页文件(包括路径和命名)不正确	10
2. 图片素材引入项目和文本输入	图片素材引入 img 文件夹正确,文本输入完整、正确	图片素材引入 img 文件夹正确,或者文本输入基本正确	图片素材引入 img 文件夹基本正确,文本输入基本正确	图片素材引入 img 文件夹不正确,文本输入不完整、不正确	10
3. 头部模块制作	1. 运用表格布局 2. 制作导航条 3. 插入文字宣传图片以及定位	三项要求中有1项不够准确	三项要求中有2处不正确	三项要求中有3项不正确	15
4. main 模块制作	1. 运用表格布局 2. 单元格的合并 3. 设置 css 样式修饰内容	三项要求中有1项不够准确	三项要求中有2处不正确	三项要求中有3项不正确	40
5. 页脚模块	1. 设置文本属性完全正确 2. 制作效果与样图完全一致	1. 设置文本属性正确 2. 制作效果与样图较一致	1. 设置文本属性基本正确 2. 制作效果与样图有一定差距	1. 设置文本属性不正确 2. 制作效果与样图不一致	10
6. 参与度	积极参与课程互动(包括签到、课堂讨论、投票等环节),效果好	较积极参与课程互动(包括签到、课堂讨论、投票等环节),效果较好	能参与课程互动(包括签到、课堂讨论、投票等环节),效果一般	不参与课程互动(包括签到、课堂讨论、投票等环节)	5

项目七 "致敬战'疫'英雄"主题页制作

【项目介绍】

　　自 2020 年以来,全球遭受了前所未有的新冠疫情冲击,无数平凡而伟大的"抗疫英雄"挺身而出,以生命赴使命,用挚爱护苍生,舍小我顾大局,展现了人类在灾难面前的坚韧与大爱。为了铭记这些英雄的事迹,传承和弘扬伟大抗疫精神,我们计划开展一项以"致敬战'疫'英雄"为主题的网页设计与制作活动。

　　搜集并整理 2020—2021 年在全球抗疫斗争中涌现的英雄人物事迹,包括但不限于医护人员、科研工作者、志愿者、社区工作者等,展现他们无私奉献、勇于担当的精神风貌。

　　利用网页设计技术,创作一个内容丰富、形式多样的主题网页,通过文字、图片、视频等多种媒介,生动展现英雄人物的事迹,让观众能够直观感受到伟大抗疫精神的力量。

　　请同学们利用所学的网页制作知识,以"致敬战'疫'英雄"为主题制作一张精美的网页。

【知识目标】

　　1. 掌握 HTML5 视频控件,系统学习 HTML5 中<video>标签的使用方法,包括如何嵌入视频、控制播放、调整尺寸等基本操作。

　　2. 掌握各种属性(如 autoplay、controls、loop)的功能和应用。

　　3. 掌握多媒体格式,了解并能运用常见的视频文件格式(如 MP4、WebM、OGG),以及浏览器对不同格式的支持情况。

【技能目标】

　　1. 能够独立编写包含视频元素的 HTML 代码,实现视频的流畅播放和交互控制。

　　2. 遇到视频无法播放、格式不兼容等问题时,能够查找原因并采取相应的解决措施。

　　3. 结合 CSS,能够设计出美观且用户友好的视频播放界面,提升用户体验。

【素养目标】

　　1. 培养学生依据行业规范进行编码的习惯。

　　2. 培养学生有效搜集、筛选和整合网络资源的能力,包括寻找适合的图片、视频素材等。

　　3. 在项目实施过程中,学会团队合作,与同伴有效沟通,共同解决问题,分享学习成果。

4. 鼓励学生发挥创意,尝试不同的设计思路和技术应用,提升个人创新意识和实践能力。

5. 培养学生自主探究、勇于创新的设计思维能力。

【思政目标】

1. 通过致敬战'疫'英雄的主题,培养学生的社会责任感,使他们认识到科技应用应服务于社会进步和人类福祉。

2. 通过搜集和展示战'疫'英雄事迹,增强学生的国家和民族自豪感,理解团结一致、共克时艰的重要性。

3. 通过致敬战'疫'英雄,学生将深刻理解"敬业、友善、爱国、诚信"的社会主义核心价值观,增强国家认同感和社会责任感。

1 阶段1:任务初探

1-1 【任务分析】

任务分析是网页开发的前提与基础,任务分析重点要解决"做什么",分成哪些模块,需要哪些技能点。图7-1为主题页效果。

图7-1 主题页效果

(网页素材来源:新华网)

1. 准备工作与页面布局

(1)准备工作

在 HBuilderX 中建立项目,命名为"致敬战'疫'英雄",将图片素材拷贝到项目的 img 文件夹中。

具体步骤:

打开 HBuilderX 软件,新建项目。常用的方法有两种:一是利用"文件"菜单的"新建"选项中的"项目"菜单;二是在主界面中心的快捷菜单中选"新建项目",如图 7-2 所示。

图 7-2　新建项目(1)

在弹出的对话框中,选择"普通项目",输入项目名称为"proect-7",自定义存放的路径,在"选择模板"中选择"基本 HTML"项目,点击"创建"按钮即可,如图 7-3 所示。

图 7-3　新建项目(2)

在左侧的任务窗格中就能看到创建好的项目文件了,如图7-4所示。

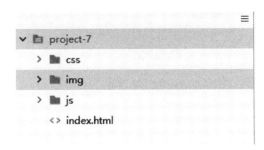

图7-4　新建项目(3)

然后将网页图片素材拷贝到"img"文件夹中,如图7-5所示。

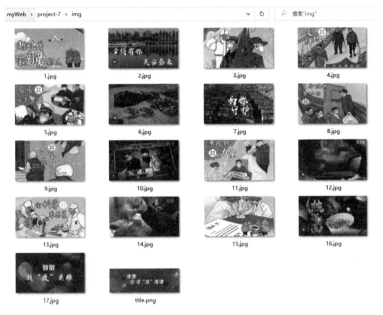

图7-5　拷贝图片

新建 video 文件夹,并将视频拷贝到 video 文件夹。

双击"index.html",在打开的编码区域准备书写网页代码,如图7-6所示。

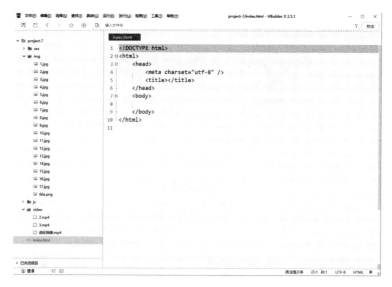

图 7-6　打开项目

（2）页面布局分析

为充分展示和致敬在抗击新冠疫情中涌现出的英雄人物，我们精心设计了一个名为"致敬战'疫'英雄"的主题网页。整个网页采用模块化设计，从上至下依次为头部模块、简介模块、主体模块、脚部模块，每个模块都有其独特的功能和设计目的，如图 7-7 所示。

图 7-7 页面布局分析

2. 知识准备

HTML5 引入了 <video> 和 <audio> 元素,使得在网页中嵌入视频和音频文件变得简单直接,无须依赖 Flash 或其他插件。然而,为了让视频和音频在不同的浏览器中都能播放,需要考虑到浏览器对各种编解码器(codec)的支持。

(1)视频标记

<video>标签用于在网页中嵌入视频内容,使得开发者无须依赖第三方插件(如 Flash)即可在网页上播放视频。这个标签非常强大,因为它允许开发者直接在 HTML 中控制视频的播放、暂停、音量等,并且可以添加自定义的控件。

<video> 标签的基本结构如下:

```
<video src="movie.mp4" controls></video>
```

在这个基本示例中,src 属性指定了视频文件的 URL,controls 属性则启用浏览器内置的播放控件,包括播放/暂停按钮、进度滑块、音量控制等。

<video> 标签的常用属性:

● src

视频文件的 URL。可以指定一个或多个 src 标签来提供不同格式的视频文件,以适应不同浏览器的编解码器支持。

示例:`<video src="movie.mp4"></video>`

● controls

如果存在此属性,则浏览器将显示一组默认的控件,如播放/暂停按钮、音量控制和进度条。

示例:`<video src="movie.mp4" controls="controls"></video>`

此处属性名和属性值相同可以简写为:`<video src="movie.mp4" controls></video>`。

● autoplay

如果存在此属性,则视频将在页面加载时自动播放。

示例:`<video src="movie.mp4" autoplay></video>`

● loop

如果存在此属性,则视频在播放结束后将重新开始。

示例:`<video src="movie.mp4" loop></video>`

● muted

如果存在此属性,则视频将默认静音播放。

示例:`<video src="movie.mp4" muted></video>`

● poster

在视频开始播放之前显示的图像的 URL。当视频尚未加载或暂停时,可以看到这张图片。

示例:`<video src="movie.mp4" poster="图片 URL"></video>`

● preload

控制视频在页面加载时是否预先加载。可能的值有:

auto(默认):视频将尽可能地完全加载。

metadata:只加载视频的元数据,如宽度、高度和时长。

none:不预先加载视频。

示例:`<video src="movie.mp4" preload="none"></video>`

● width 和 height

分别设置视频播放器的宽度和高度。如果不设置,默认为 320×150。

示例:`<video src="movie.mp4" width="400" height="300"></video>`

• playsinline

表示视频应该在当前窗口内播放,而不是全屏模式。这对于移动设备特别有用,尤其是 iOS 设备。

示例: <video src="movie.mp4" playsinline></video>

【video 示例】

下面的代码是一个视频播放器的示例,同样支持多种格式。

```
<! DOCTYPE html>
<html lang="en">
<head>
    <meta charset="UTF-8">
    <title>Video Player</title>
</head>
<body>
<h2>我的视频播放器</h2>
<video width="640" height="360" controls preload="none">
    <source src="path/to/video.mp4" type="video/mp4">
    <source src="path/to/video.webm" type="video/webm">
    <source src="path/to/video.ogv" type="video/ogg">
    <! --提供一个下载链接以防浏览器不支持 -->
    <a href="path/to/video.mp4">Download video file</a>
    <! --或者告知用户浏览器不支持 -->
    您当前使用的浏览器不支持 video 标签。
</video>
</body>
</html>
```

这个<video>标签定义了视频播放器,可以设置宽度和高度属性来调整播放器的大小。controls 属性添加了播放控件,而 preload="none"则指示浏览器不预加载视频内容,直到用户明确请求播放。

<source>标签同样提供了多个视频源,MP4 是最广泛支持的格式,WebM 被设计为开放标准,OGV 是基于 Ogg 的视频容器格式。

需要注意的是,同学们需要将 src 属性中的路径替换为实际的音频或视频文件的 URL。此外,为了兼容性,提供多种格式的文件是很重要的,因为不同的浏览器可能支持不同的格式。

(2)音频标记

<audio>标签用于在网页中嵌入音频文件,使得网页可以直接播放音乐或其他音频内容,而无须任何插件。与 <video> 标签相似,<audio> 标签也提供了对音频文件的直接控制,包括播放、暂停、音量调节等。

<audio> 标签的基本结构如下:

```
<audio src="song.mp3" controls></audio>
```

在这个示例中,src 属性定义了音频文件的来源,controls 属性表示浏览器应该提供一组默认的控件,如播放/暂停按钮、音量控制和进度条。

<audio> 标签的常用属性:

• src

指定音频文件的 URL。这是播放音频的源文件位置。

• controls

如果存在此属性,则浏览器将显示一组默认的音频控件,包括播放/暂停按钮、音量控制和进度条。

• autoplay

如果存在此属性,则音频将在页面加载时自动播放。

• loop

如果存在此属性,则音频在播放结束后将重新开始。

• muted

如果存在此属性,则音频将默认静音播放。

• preload

控制音频在页面加载时是否预先加载。可能的值有:

auto(默认):音频将尽可能地完全加载。

metadata:只加载音频的元数据,如长度。

none:不预先加载音频。

• width 和 height

这些属性虽然主要用于 <video> 标签,但在 <audio> 标签中也可以使用,用于定义音频控件的大小。不过,由于大多数情况下音频控件不需要占用较大的空间,所以它们并不常用。

【audio 示例】

下面是一个音频播放器的示例,同样支持多种格式:

```
<! DOCTYPE html>
<html lang="zh">
<head>
    <meta charset="UTF-8">
    <title>音频播放器示例</title>
</head>
<body>

<h1>我的音乐播放器</h1>

<! --使用 audio 标签嵌入音频文件 -->
```

```
<audio controls>
    <! --提供多种格式以确保兼容性 -->
    <source src="音乐/我的歌曲.mp3" type="audio/mpeg">
    <source src="音乐/我的歌曲.ogg" type="audio/ogg">
    <source src="音乐/我的歌曲.wav" type="audio/wav">
    <! --如果浏览器不支持 audio 标签,显示回退文本 -->
您的浏览器不支持音频播放功能。
</audio>

<p>如果听不到声音,请确认您的扬声器或耳机已连接并开启。</p>

</body>
</html></body>
</html>
</body>
</html>
```

在这个例子中:

我们使用了<audio>标签,并添加了 controls 属性,这样浏览器就会提供播放、暂停、音量控制等标准音频控件。

使用了三个<source>标签,每个都指向不同格式的音频文件(MP3、OGG 和 WAV)。浏览器将尝试按顺序加载这些文件,直到找到一种它能够处理的格式。

如果浏览器不支持<audio>标签,那么在<audio>标签内部的文本("Your browser does not support the audio element.")将会显示出来,作为回退方案。

页面中还包含了一个提示,让用户检查他们的音频输出设备是否正常工作。

(3)编解码器

编解码器是一种用于压缩和解压缩数字媒体数据的算法。编码器将原始媒体数据转换为一种更小、更易传输的格式,而解码器则在接收端将压缩的数据还原为原始格式,以便播放。编解码器对丁实现在有限带宽下传输高质量音视频内容至关重要。

以下是 HTML5 中常用的几种编解码器:

● H.264/MPEG-4 AVC

视频编解码器:H.264 是一种高效的视频压缩标准,广泛应用于互联网视频、蓝光光盘等。

音频编解码器:通常与 AAC(Advanced Audio Coding)配合使用。

支持浏览器:Chrome、Firefox、Safari 和 Edge。

● VP8/WebM

视频编解码器:VP8 是由 Google 开发的一种开放源代码的视频压缩标准,用于 WebM 项目。

音频编解码器：Vorbis，一种开源的音频压缩格式。

支持浏览器：Chrome、Firefox、Opera 和 Edge。

- VP9/WebM

视频编解码器：VP9 是 VP8 的继任者，提供了更好的压缩效率。

音频编解码器：Opus 或 Vorbis。

支持浏览器：Chrome、Firefox、Opera 和 Edge。

- Theora/Ogg

视频编解码器：Theora 是一种免费的视频压缩格式。

音频编解码器：Vorbis。

支持浏览器：Firefox 和 Opera。

- AAC

音频编解码器：AAC 是一种高级音频编码格式，广泛用于 Apple 的设备。

支持浏览器：Safari 和 iOS 版 Safari。

- MP3/MP4

视频编解码器：MP4 是一种非常流行的有损视频压缩格式。

音频编解码器：MP3 是一种非常流行的有损音频压缩格式。

支持浏览器：几乎所有现代浏览器。

由于不同的浏览器可能支持不同的编解码器，因此在 HTML5 中使用 <video> 或 <audio> 元素时，通常会提供多个源文件，每个文件使用不同的编解码器。这可以通过使用 <source> 元素来实现，参考代码如下：

```
<video controls>
    <source src="movie.mp4" type="video/mp4">
    <source src="movie.ogg" type="video/ogg">
    <source src="movie.webm" type="video/webm">
    Your browser does not support the video tag.
</video>
```

通过这种方式，可以确保用户能够获得最佳的观看体验，无论他们使用哪种浏览器。

1-2 【任务演示】

制作头部模块，效果如图 7-8 所示。

图7-8 头部模块样图

这个案例的头部模块较为简单,是一张图片。在之前创建的index.html中添加代码,其HTML参考代码如下:

```html
<! doctype html>
<html>
    <head>
        <meta charset="utf-8">
        <title>致敬战"疫"英雄</title>
        <link rel="stylesheet" type="text/css" href="css/style.css">
    </head>
    <body>
        <header>
            <img src="img/title.png" />
        </header>
    </body>
</html>
```

这段HTML代码定义了一个网页的头部区域(<header>),并在其中嵌入了一个图像。<header>标签用于定义页面或者section的页眉部分。通常,一个<header>包含与文档标题、网站名、logo或者其他导航元素相关的信息。

CSS参考代码:

```css
@ charsct "utf-8";
/* CSS Document */
* {
    margin: 0;
    padding: 0;
    list-style: none;
    outline: none;
}
body {
    font-size: 12px;
```

```
        font-family: "微软雅黑";
        background: #fff;
        width: 100%;
    }
    a:link, a:visited {
        color: #333;
        text-decoration: none;
    }
    a:hover {
        text-decoration: none;
    }
    .border {
        border-top: 6px dotted #AAA;
    }
    h2 {
        text-align: center;
        font-size: 40px;
        font-weight: bold;
        letter-spacing: 5px;
        color: darkblue;
        margin: 20px 0;
    }
    p {
        text-indent: 2em;
        font-size: 16px;
        line-height: 28px;
        text-align: center;
        margin: 20px 0;
    }
```

（1）全局重置样式

● * { margin：0；padding：0；list-style：none；outline：none；}

● 这行代码是一个通用选择器，作用于页面上的所有元素，将它们的边距（margin）和填充（padding）设置为0，列表样式（list-style）设为无，且移除轮廓（outline）。这有助于消除浏览器默认的样式差异，提供一致的起始点。

（2）Body 样式

● body { font-size：12px；font-family："微软雅黑"；background：#fff；width：100%；}

● 这里设置了文档主体的字体大小、字体类型、背景色以及宽度。字体大小设置为

12 像素,字体使用"微软雅黑",背景颜色为白色,宽度为 100%,意味着 body 将占据其父容器(通常是浏览器视口)的全部宽度。

(3)链接样式

- a:link, a:visited ｛ color：#333；text-decoration：none；｝

- a:hover ｛ text-decoration：none；｝

- 这些规则分别控制了链接在未访问状态、已访问状态和鼠标悬停状态下的样式。链接的颜色设为深灰色,且去除下划线。在鼠标悬停时,保持无下划线状态。

(4).border 类

- .border ｛ border-top：6px dotted #AAA；｝

- 这个类可以应用于任何元素,为其添加一个顶部虚线边框,边框宽度为 6 像素,颜色为浅灰色。

(5)h2 样式

- h2 ｛ text-align：center；font-size：40px；font-weight：bold；letter-spacing：5px；color：darkblue；margin：20px 0；｝

- 此规则设置了二级标题的样式,包括居中文本、字体大小为 40 像素、加粗、字母间距增加 5 像素、颜色为深蓝色以及上下边距各为 20 像素。

(6)p 样式

- p ｛ text-indent：2em；font-size：16px；line-height：28px；text-align：center；margin：20px 0；｝

- 这些规则控制了段落元素的样式,首行缩进两个字符长度,字体大小为 16 像素,行高为 28 像素,文本居中对齐,同样有 20 像素的上下边距。

1-3 【知识扩展】

1. header 标签

(1)<header>标签可以放在文档的顶部,作为整个页面的头部,也可以在<section>、<article>等元素内部使用,以表示局部的头部信息。

(2)如果元素中没有标题或相关头部信息,考虑使用<div>或其他适当的标签,避免滥用<header>。使用<header>标签时,保持良好的语义化和结构化实践,可以帮助提高网站的可访问性和 SEO 优化。

2. 清除全局样式

在前端开发中,"清除全局样式"通常指的是重置或归零浏览器的默认样式,因为不同的浏览器可能会有不同的默认样式,这可能导致在不同浏览器中页面的显示不一致。为了确保跨浏览器的一致性和更好的控制页面样式,开发者经常会在 CSS 中加入全局样式重置。

2 阶段2：任务进阶

2-1 【任务分析】

根据网页效果图，实现"页面介绍"模块，训练要点包括标题 h1、段落 p、视频 video 设置等，如图 7-9 所示。

图 7-9 "页面介绍"模块效果

（注：文字和视频宽度为 1 200px，居于页面的中间）

2-2 【任务实施】

网页参考代码如下：

```
<! --"页面介绍"模块-->
<div class="intro">
    <h1>开栏的话</h1>
        <p>3 月 10 日，习近平总书记专门赴湖北省武汉市考察疫情防控工作时，向奋战在疫情防控第一线的广大医务工作者、人民解放军指战员、社区工作者、公安干警、基层干部、下沉干部、志愿者以及各个方面的同志们表示崇高的敬意；3 月 2 日在北京考察新冠疫情防控科研攻关工作时，向奋斗在疫情防控科研攻关一线的广大科技工作者表示衷心的感谢和诚挚的问候。</p>
        <p>致敬，那些在抗疫一线不惧风雨、英勇奋战、奉献坚守乃至献身的英雄！自 3 月 22 日起，新华社开设"习近平致敬的战'疫'英雄"栏目，每天选取一个群体，推出一组集束式报道，以"1 篇文字特写+1 幅动漫图鉴+1 个微视频"方式，生动反映各行各业、各条战线牢记习近平总书记嘱托，不惧风雨、顽强拼搏，坚决打赢疫情防控
```

```
阻击战的奋斗历程。</p>
            <video src = " video/战役英雄.mp4" controls autoplay loop poster = " img/
17. jpg" ></video>
    </div>
```

这段 HTML 代码定义了一个名为"页面介绍"模块的区块,其中包含了文本内容、图片和视频元素,用于展示与致敬战"疫"英雄相关的主题。

<div class = " intro" >创建了一个带有类名 " intro" 的 div 容器,用于包裹整个模块的内容。这个类名可以用于 CSS 中对这个模块进行特定的样式设计。

<h1>开栏的话</h1> 是一个一级标题,用于突出显示模块的主题,这里是"开栏的话"。

两段 <p> 标签分别包含了两段文字内容,用于提供关于战"疫"英雄的详细信息和背景故事。

<video>标签用于在网页中嵌入视频文件。指定了视频文件的位置,即 " video/战"役"英雄.mp4"。controls 属性表示视频播放器应该显示控制按钮,如播放/暂停、音量调节等。

autoplay 属性表示视频在页面加载后会自动播放。loop 属性表示视频播放结束后会自动重新开始播放。poster = " img/17. jpg" 指定在视频未播放前显示的封面图片位置,即 " img/17. jpg"。

CSS 参考代码如下:

```
.intro {
    width: 1200px;
    margin: 30px auto;
    text-align: center;
}
.intro h1 {
    text-align: center;
    font-size: 30px;
    color: royalblue;
}
.intro p {
    text-align: left;
    font-size: 18px;
    text-indent: 2em;
    color: #666;
    padding: 20px 0 20px;
}
```

首先,定义一个名为.intro 的样式类,主要用于设置页面介绍模块的布局和样式,这部分代码定义了 .intro 类的基本布局属性:

- width:1 200px;设定了.intro 容器的宽度为 1 200 像素,这对于固定宽度的设计非常有用。
- margin:30px auto;中的 auto 表示左右边距自动计算,从而实现水平居中,而上下边距设定为 30 像素,使得.intro 模块在页面中具有一定的间距,看起来更加独立和整洁。
- text-align:center;设置了.intro 内的文本默认居中对齐,这通常适用于标题或需要居中的文本。

其次,通过后代选择器.intro<h1>定义了专用于.intro 类中的<h1>元素的样式。

- text-align:center;确保<h1>标题居中对齐,与.intro 的默认文本对齐方式一致。
- font-size:30px;设定了<h1>标题的字体大小为 30 像素,使其在页面上显得较为突出。
- color:royalblue;设置<h1>标题的颜色为皇家蓝色,以增加视觉吸引力。

最后,通过.intro<p>设置正文的段落样式。

- text-align:left;设置<p>段落文本左对齐,适合阅读。
- font-size:18px;设定<p>段落的字体大小为 18 像素,比标题小,但足够清晰易读。
- text-indent:2em;设置<p>段落首行缩进 2 个字符的距离,这是中文排版中常见的习惯,有助于区分段落。
- color:#666;设定了<p>段落的文本颜色为深灰色,相比黑色更加柔和,不易造成视觉疲劳。
- padding:20px 0 20px;给<p>段落添加了上下 20 像素的内边距,左右内边距为 0,这样可以使段落之间有适当的间距,提高可读性。

2-3 【知识扩展】

margin:auto;的用法

在 CSS 中,margin:auto;是一种常用的技术,用于使元素在其父容器中水平居中。当应用于元素的左右边距时,margin:auto;会自动计算元素两边的空白空间,从而将该元素放置在容器的中央。

当你在元素的 margin 属性中使用 auto 值时,浏览器会自动分配相等的边距给元素的左右两侧。例如,如果你有一个宽度固定的元素,并希望它在页面中居中,你可以这样设置:

```
.myElement {
    width:200px; /* 或者任何其他固定宽度 */
    margin:0 auto; /* 上下边距为 0,左右边距自动计算 */
}
```

网页设计与制作项目化实训教程

这里的 margin：0 auto；意味着元素的上边距和下边距为 0，而左边距和右边距由浏览器自动计算，以达到居中的效果。

注意：

（1）**固定宽度**：要使 margin：auto；正确工作，元素必须有固定的宽度。如果元素宽度为 auto 或 100%，那么 margin：auto；不会使元素居中，因为浏览器无法确定如何分配剩余的空间。

（2）**父容器限制**：元素要能够水平居中，其父容器需要有明确的宽度。如果父容器的宽度为 auto 或 100%，并且没有设置具体的宽度，那么 margin：auto；可能无法按预期工作。

（3）**垂直居中**：margin：auto；仅影响水平居中。要实现垂直居中，需要使用其他技术，如 Flexbox、Grid 或绝对定位配合 top 和 bottom 的 auto 值。

3　阶段 3：任务攻坚

3-1　【任务分析】

1. 准备工作

根据网页效果图，实现"主体"模块，训练要点包括使用 css 样式绘制边框、图文、视频混排和视频设置，如图 7-10 所示。

图7-10 "主题"模块

该模块设计为四个独立的子模块,每个子模块聚焦于不同群体的英勇事迹,包括"武汉人民篇""科技工作者篇""志愿者篇"以及"公安干警篇"。每个子模块均采用统一的结构,分为标题区和内容区两大部分。

标题区:采用独特的设计,文字标题被置于一个带有边框的区域,以此突出显示,确保观众能迅速识别每个子模块的主题。

内容区:这一部分丰富多样,融合了文字叙述、高质量图片以及直观的视频素材,旨在全方位展现各个群体在抗击疫情过程中的感人瞬间和卓越贡献。文字部分翔实记录了他们的事迹;图片提供了视觉上的证明和记忆点;视频则通过动态影像,让观众更深刻地感受到现场氛围和人物情感。

这样的布局不仅增强了信息的可读性和吸引力,也便于用户快速浏览和深入探索每个群体的故事,从而增强了整个模块的表现力和感染力。

2. 页面效果分析

首先,标题区的文字使用了<h2>标签来呈现,以确保良好的可读性和搜索引擎优化。为了创建一个引人注目的边框效果,我们利用了 HTML 中的<i>标签,并通过 CSS 样式设置了宽度和高度,使其呈现出线条的外观。通过精细调整<i>标签的 CSS 样式,比如边框的样式、颜色和宽度,可以创造出线条效果,从而增强标题的视觉冲击力。然后通过 position 属性将线条固定到想要的位置,完成边框的效果。

其次,在内容区域的设计上,我们采用了<h2>和<p>标签来精心构建标题与正文文本,运用了 CSS 的文本对齐技巧,使这些元素居中显示,营造出平衡和谐的视觉效果。为了整合多媒体元素,我们使用了一个<div>容器作为载体,实现了图片和视频的并排展示,形成了左右对称的布局,不仅增强了页面的视觉层次,也提升了用户的浏览体验。

3-2 【任务实施】

1. "武汉人民篇"子模块的制作

(1)设计并制作标题区

标题区效果如图 7-11 所示。

图 7-11　标题区

HTML 参考代码如下:

```
<div class="part1">
    <div class="topcontainer">
        <div class="topArea">
            <h2 class="title">武汉人民篇</h2>
            <! --左上边框-->
            <div class="t_line_box">
                <i class="t_l_line"></i>
                <i class="l_t_line"></i>
            </div>
            <! --右上边框-->
            <div class="t_line_box">
                <i class="t_r_line"></i>
                <i class="r_t_line"></i>
            </div>
            <! --左下边框-->
            <div class="t_line_box">
                <i class="l_b_line"></i>
            </div>
```

```
            <! --右下边框-->
            <div class="t_line_box">
                <i class="r_b_line"></i>
            </div>
            <! --下边框-->
            <div class="t_line_box">
                <i class="b_r_line"></i>
                <i class="b_c_line"></i>
            </div>
        </div>
    </div>
.......
        </div>
    </div>
```

　　为了构建一个结构清晰且易于维护的网页布局,"武汉人民篇"子模块被精心地封装在了一个类名为.part1 的<div>容器中。这样做不仅有助于提高代码的可读性,也便于后续的样式调整和内容管理。

　　在这个.part1 容器内,进一步细分为 topcontainer 和 subcontainer 两个主要区域。topcontainer 专门用于承载标题区,而 subcontainer 则负责展示具体内容。

　　在 topcontainer 内部,我们嵌套了一个类名为.topArea 的<div>,目的是提供更精确的元素定位。通过 CSS 的 position 属性,.topArea 可以作为一个定位上下文,帮助我们更自由地操控其中的元素,如标题和边框。

　　具体来说,在.topArea 中,我们添加了一个<h2>标签来呈现标题文本,同时为了绘制边框,引入了多个<div>和<i>元素,形成了标题区周围的装饰性边框。这种做法不仅美化了标题区,也提升了整个页面的设计感和专业度。

　　CSS 参考代码如下:

```
.topcontainer {
    position: relative;
    margin-top: 100px;
}
.topArea {
    width: 300px;
    height: 70px;
    margin: 30px auto;
    text-align: center;
    position: relative;
}
```

```
    .topArea .title {
        font-size: 2em;
        color: black;
        height: 70px;
        line-height: 70px;
    }
```

.topcontainer 样式解读：

● position：relative；：这表示.topcontainer 元素相对于它自己原始的位置进行定位。当其内部有使用绝对定位的子元素时,这个属性会作为那些子元素定位的参考点。

● margin-top：100px；：此属性设置了.topcontainer 元素与其上方元素之间的垂直间距为 100 像素。

.topArea 样式解读：

● width：300px；和 height：70px；：设定.topArea 的宽度和高度,使其成为一个大小固定的矩形区域。

● margin：30px auto；：垂直方向上,.topArea 与上下方元素的距离为 30 像素;水平方向上,auto 值让浏览器自动计算左右边距,使该元素在水平方向居中显示。

● text-align：center；：使.topArea 内部的文本内容居中对齐,这对于标题尤其有用,确保标题在区域中心显示。

● position：relative；：同.topcontainer 一样,这为可能的绝对定位子元素提供了一个定位上下文。

.topArea .title 样式解读：

● font-size：2em；：设置标题字体大小为 2em,意味着标题的字体大小将是其父元素字体大小的两倍。通常,这会使标题看起来更加突出。

● color：black；：标题的颜色被设定为黑色。

● height：70px；和 line-height：70px；：设置标题的高度,并且 line-height 与 height 相同,确保单行文本在.topArea 的垂直中心对齐。这意味着文本将占据整个.topArea 的高度,居中显示。

```
    .l_t_line {
        width: 2px;
        height: 40px;
        left: -3px;
        top: -3px;
    }
    .t_l_line {
        height: 2px;
        width: 26px;
        left: -3px;
```

```
        top: -3px;
    }
.t_line_box {
    display: block;
}
.t_line_box i {
    background-color: #1A237E;
    position: absolute;
}
.t_r_line {
    height: 2px;
    width: 26px;
    right: -3px;
    top: -3px;
}
.r_t_line {
    width: 2px;
    height: 40px;
    right: -3px;
    top: -3px;
}
.l_b_line {
    width: 2px;
    height: 20px;
    left: -3px;
    bottom: -3px;
}
.b_l_line {
    height: 2px;
    width: 26px;
    left: -3px;
    bottom: -3px;
}
.r_b_line {
    width: 2px;
    height: 20px;
    right: -3px;
    bottom: -3px;
}
```

```
.b_r_line {
    height: 2px;
    width: 304px;
    right: -3px;
    bottom: -3px;
}
.b_c_line{
height: 8px;
width: 140px;
right: 0;
left:80px;
bottom: -6px;
}
```

　　这段 CSS 代码定义了一系列线段样式的元素,旨在组合成一个复杂的图形界面元素,如边框、分割线等。每个类名代表不同位置的线段,通过绝对定位和尺寸控制,可以构建出精细的装饰效果或界面边界。下面是对每个类及其用途的详细解读。

　　线段元素的通用样式

　　所有线段元素都是.t_line_box 的子元素,并且它们都被设置为 position：absolute;,这意味着它们的位置是相对于最近的已定位祖先元素(具有 position 属性不是 static 的祖先)进行定位的。此外,它们的 background-color 属性被设置为#1A237E,这是一种深蓝色,以确保线条颜色一致。

　　上侧线条

　　●.l_t_line:左侧上角的横向线段,宽度为 26px,高度为 2px,向左偏移 3px,向上偏移 3px。

　　●.t_l_line:左上侧的竖向线段,宽度为 2px,高度为 40px,同样向左和上各偏移 3px。

　　●.t_r_line:右上侧的横向线段,与.l_t_line 相似,但向右偏移 3px。

　　●.r_t_line:右侧上角的竖向线段,与.t_l_line 相似,但向右偏移 3px。

　　下侧线条

　　●.l_b_line:左侧下角的竖向线段,高度为 20px,宽度为 2px,向左偏移 3px,但向下偏移 3px。

　　●.b_l_line:左下侧的横向线段,与.l_t_line 类似,但位置和偏移方向相反。

　　●.r_b_line:右侧下角的竖向线段,与.l_b_line 类似,但向右偏移 3px。

　　●.b_r_line:右下侧的横向线段,宽度显著增加至 304px,与.t_r_line 类似,但位置和偏移方向相反。

　　中间底部线段

　　●.b_c_line:位于底部中间的横向线段,宽度为 140px,高度为 8px,位置上它从右边开始并左移 80px,向下偏移 6px。这条线比其他线更宽,可能是为了区分或强调某些内容区域。

（2）设计并制作内容区

内容区效果如图 7-12 所示。

图 7-12 内容区效果

HTML 参考代码如下：

```
<div class="part1">
<div class="topcontainer">
    …
</div>
<div class="subcontainer">
        <h2>壮哉,大武汉——献给英雄的武汉人民</h2>
        <p>封一座城,护一国人。武汉保卫战为全国乃至世界提
供了经验,赢得了时间。<br />这座千万级人口城市和人民做出的牺牲和奉献,必将通
过打赢这场疫情防控斗争被载入史册! </p>
        <div>
            <img src="img/1. jpg" />
                <video src="video/2. mp4" controls poster="img/
2. jpg"></video>
        </div>
    </div>
</div>
```

在 part1 中,添加一个名为 subcontainer 的容器,其中包含了文本、图片和视频媒体元素,用来纪念和致敬在抗击新冠疫情中做出巨大牺牲和贡献的武汉人民。下面是对其结构和内容的详细解析。

容器与标题

● <div class="subcontainer">:这是整个区块的外层容器,所有的内容都将放置在这个 div 标签内。class="subcontainer" 表示这个 div 拥有 subcontainer 这一类,意味着可以通过 CSS 选择器.subcontainer 来为这个容器添加样式。

● <h2>壮哉,大武汉——献给英雄的武汉人民</h2>:这是一个二级标题(<h2>标签),用于突出展示本区块的主题。

文字描述

● <p>:段落标签<p>内包含了对武汉人民在疫情期间所展现出来的牺牲精神和历史意义的描述。通过简短有力的文字,传达了武汉人民为全国乃至全球疫情防控做出的重大贡献,以及他们为此付出的代价。

媒体元素

● <img src="img/5.jpg" />:这是一个图像标签,用于显示一张图片。src 属性指定了图片文件的路径,这里是 img/5.jpg,表示图片存储在 img 目录下,文件名为 5.jpg。

● <video>:这是一个视频标签,用于嵌入和播放视频文件。它包含以下属性。

src="video/3.mp4":指定了视频文件的路径,这里是 video/3.mp4。

controls:表示视频播放器应该包含播放控制条,如播放/暂停按钮、音量控制等。

autoplay:表示视频在页面加载完成后自动播放。

poster="img/6.jpg":指定了视频尚未播放时显示的预览图片路径,这里是 img/6.jpg。

CSS 参考代码如下:

```
.subcontainer {
    padding: 20px 0 100px 0;
    background: #E8E9F2;
    margin: 100px auto;
    width: 100%;
    text-align: center;
}

.subcontainer video {
    width: 590px;
    height: 332px;
}
```

这段 CSS 代码定义了.subcontainer 类的样式规则,以及其中 video 元素的具体样式。

.subcontainer 样式解析

● padding: 20px 0 100px 0;:这设置了 subcontainer 区块的内边距(padding),上下方向为 20px 和 100px,左右方向为 0。这种设置通常是为了在区块内容与边缘之间留出空间,增强视觉层次感。

● background: #E8E9F2;:这里指定了区块的背景颜色为#E8E9F2,这是一种浅灰色调,能够为页面带来柔和且专业的外观。

● margin: 100px auto;:这个属性使 subcontainer 区块在页面中居中显示,并在上下方各留出 100px 的外边距。auto 值通常用于水平居中,而 100px 则为上下方向的外边距,使得区块在垂直方向上也有一定的间隔。

● width: 100%;:这使得 subcontainer 区块的宽度占满其父元素的宽度,即整个视口宽度。这种设置常用于全屏展示的内容区块,保证内容可以充分利用屏幕空间。

● text-align：center；：此属性使 subcontainer 内部的所有直接子元素(如文本、图片、视频)水平居中对齐,增强了区块整体的视觉平衡感。

video 样式解析

● width：590px；height：332px；：这两行代码指定了 video 元素的固定宽度和高度分别为 590px 和 332px。这确保了视频在页面中的展示大小保持一致,有助于维持页面设计的一致性及视觉美感。

(3)分割线设置

在 part1 和 part2 之间添加水平分割线,帮助用户更清晰地区分页面的不同部分,从而提高网站的可读性和整体用户体验。

HTML 参考代码如下：

```
<body>
<div class="part1">
…
</div>
<div class="border" />
<div class="part1">
…
</div>
</body>
```

这里定义了一个<div>元素,并为其添加了一个类名 border。

CSS 参考代码如下：

```
.border {
    border-top：6px dotted #AAA；
}
```

● .border：这是一个类选择器,意味着它将应用于任何类属性值为 border 的 HTML 元素。由于本案例中所用的水平分割线都使用的是同样的样式,所以这段代码可以完成整体的设置。

● border-top：这个属性用于设置元素顶部边框的样式。

6px：边框的宽度设为 6 像素。

dotted：边框的样式是点状的,即一系列小圆点。

#AAA：这是一个十六进制颜色代码,代表的是浅灰色。它是边框的颜色。

2. "科技工作者篇"等其他子模块的制作

其他几个子模块与"武汉人民篇",CSS 代码已经在上一小节完成,下面给出 HTML 参考代码,同学们可以自行完成。

（1）"科技工作者篇"

HTML 参考代码如下：

```html
<div class="part2">
    <div class="topcontainer">
        <div class="topArea">
            <h2 class="title">科技工作者篇</h2>
            <!--左上边框-->
            <div class="t_line_box">
                <i class="t_l_line"></i>
                <i class="l_t_line"></i>
            </div>
            <!--右上边框-->
            <div class="t_line_box">
                <i class="t_r_line"></i>
                <i class="r_t_line"></i>
            </div>
            <!--左下边框-->
            <div class="t_line_box">
                <i class="l_b_line"></i>
            </div>
            <!--右下边框-->
            <div class="t_line_box">
                <i class="r_b_line"></i>
            </div>
            <!--下边框-->
            <div class="t_line_box">
                <i class="b_r_line"></i>
                <i class="b_c_line"></i>
            </div>
        </div>
    </div>
    <div class="subcontainer">
        <h2>争分夺秒与病魔较量</h1>
        <p>战胜疫情离不开科技支撑。病毒"摸底"、药物和疫苗
研发、防控策略优化……在抗击疫情的另一条战线上,千千万万科技工作者与时间赛
跑。<br />向科学要方法、要答案。他们争分夺秒攻关,让战"疫"更有底气。</p>
        <div>
            <img src="img/3.jpg" />
            <img src="img/4.jpg" />
```

```
            </div>
         </div>
      </div>
      <div class="border" ></div>
```

（2）"志愿者篇"

HTML 参考代码如下：

```
<div class="part3" >
    <div class="topcontainer" >
        <div class="topArea " >
            <h2 class="title">志愿者篇</h2>
            <! --左上边框-->
            <div class="t_line_box" >
                <i class="t_l_line" ></i>
                <i class="l_t_line" ></i>
            </div>
            <! --右上边框-->
                <div class="t_line_box" >
                <i class="t_r_line" ></i>
                <i class="r_t_line" ></i>
            </div>
            <! --左下边框-->
            <div class="t_line_box" >
                <i class="l_b_line" ></i>
            </div>
            <! --右下边框-->
            <div class="t_line_box" >
                <i class="r_b_line" ></i>
            </div>
            <! --下边框-->
            <div class="t_line_box" >
                <i class="b_r_line" ></i>
                <i class="b_c_line" ></i>
            </div>
        </div>
    </div>
    <div class="subcontainer" >
```

```
        <h2>微光成炬照征程</h1>
                <p>平日里,他们是学生、村民、快递员、水电工、小店主
……是街头巷陌,与你我擦肩而过的普通人。<br />疫情中,他们"变身"志愿者奔赴
不同岗位,无私奉献、竭尽所能。默默无闻,但英勇非凡;微光点点,却聚成明炬照亮风
雨征程。</p>
                        <div>
                                <img src="img/9.jpg" />
                                <img src="img/8.jpg" />
                        </div>
                </div>
        </div>
        <div class="border"></div>
```

(3)"公安干警篇"

HTML 参考代码如下:

```
                <div class="part4">
                        <div class="topcontainer">
                                <div class="topArea">
                                        <h2 class="title">公安干警篇</h2>
                                        <!--左上边框-->
                                        <div class="t_line_box">
                                                <i class="t_l_line"></i>
                                                <i class="l_t_line"></i>
                                        </div>
                                        <!--右上边框-->
                                        <div class="t_line_box">
                                                <i class="t_r_line"></i>
                                                <i class="r_t_line"></i>
                                        </div>
                                        <!--左下边框-->
                                        <div class="t_line_box">
                                                <i class="l_b_line"></i>
                                        </div>
                                        <!--右下边框-->
                                        <div class="t_line_box">
                                                <i class="r_b_line"></i>
                                        </div>
                                        <!--下边框-->
```

```
                    <div class = "t_line_box">
                        <i class = "b_r_line"></i>
                        <i class = "b_c_line"></i>
                    </div>
                </div>
            </div>
            <div class = "subcontainer">
                <h2>抗疫一线铸警魂</h2>
                <p>平日里,他们是学生、村民、快递员、水电工、小店主……是
街头巷陌,与你我擦肩而过的普通人。<br />疫情中,他们"变身"志愿者奔赴不同岗
位,无私奉献、竭尽所能。默默无闻,但英勇非凡;微光点点,却聚成明炬照亮风雨征
程。</p>
                <div>
                    <img src = "img/5. jpg" />
                    <video src = "video/3. mp4"  controls autoplay poster = "img/
6. jpg"></video>
                </div>
            </div>
        </div>
    </div>
```

3-3 【知识扩展】

1. 视频段度和高度设置:在上面的例子中,我们使用了 width:590px;height:332px;
来指定视频的大小。需要注意的是,如果视频的原始比例与指定的比例不匹配,可能会
导致视频被拉伸或压缩,从而影响观看体验。为了防止这种情况出现,我们通常会采用
width:100%;height:auto;这样的响应式设置,或者通过其他方式处理视频比例问题。

2. 自动播放功能在很多情况下被限制,浏览器制造商认为自动播放媒体可能会干扰
用户,特别是在用户尚未准备好接收音频或视频内容时。这可能导致突然的噪音、意外
的数据消耗以及页面加载时间的增加。

考虑使用 autoplay muted 属性来静音自动播放,给用户提供更好的控制。

注意,即使使用 muted 属性,某些浏览器仍然可能阻止自动播放,特别是在没有用户
交互的情况下。

在移动设备上,出于对数据流量和电池寿命的考虑,自动播放的限制更为严格。许
多移动浏览器甚至对无声视频的自动播放也有限制,除非用户已经与网站进行了互动。

4 阶段4:项目拓展

4-1 【任务分析】

根据网页效果图,完成页脚模块。页脚通常包含版权信息、公司或组织的联系详情、免责声明和其他法律声明等静态信息,如图 7-13 所示。

图 7-13 页脚效果

4-2 【任务实施】

HTML 参考代码如下:

```
<footer>
    <div>
        <p>Copyright © 2000 - 2021 XINHUANET.com    All Rights Reserved.</p>
        <p>制作单位:新华网股份有限公司      版权所有 新华网股份有限公司</p>
        <p>技术支持: 新华网新闻中心 </p>
    </div>
</footer>
```

CSS 参考代码如下:

```
footer {
    width: 100%;
    background: #4169E1;
    padding: 40px 0;
}
footer div {
    margin: 30px auto;
    width: 1200px;
}
```

页面脚部的代码相对简单,请同学们根据前期学习过的内容及示例代码自行完成。

4-3 【任务扩展】

1. <footer>元素应该用于标记页面或文档的脚部区域,它可以包含版权信息、联系方式、版权声明、相关链接、社交图标等。

它不仅可以用于页面底部,还可以用于任何独立内容块的底部,比如文章或区块。

2. <footer>是 HTML5 引入的新元素,因此在旧版浏览器(如 IE8 及以下版本)中可能不被识别。在开发时,应考虑这一点并测试跨浏览器兼容性。

5 阶段 5:项目总结

本项目旨在创建一个多媒体专题网站,以致敬在抗击新冠疫情中做出卓越贡献的各类英雄人物,包括武汉人民、科技工作者、志愿者和公安干警。网站通过图文、视频等多种形式,生动展现他们在疫情防控中的英勇事迹,传递正能量,增强公众对战"疫"英雄的敬意与感恩之情。

1. 设计与实现

首页设计:采用简洁大气的布局,顶部的标题图片直接引出主题,下方的开栏话部分以图文结合的形式介绍了项目宗旨,中心位置的视频自动播放,吸引用户注意力,快速传达核心信息。

模块化内容组织:网站内容分为四大板块,每个板块("武汉人民篇""科技工作者篇""志愿者篇""公安干警篇")均采用统一的框架设计,包括独特的顶部装饰元素、图文混排和视频展示,既保证了视觉的一致性,也丰富了信息展示形式。

技术栈与优化:使用 HTML5 的<video>标签嵌入视频,支持自动播放和循环播放,同时提供静默播放选项以适应不同浏览器的自动播放政策。CSS3 用于美化界面,包括复杂的边框效果和响应式布局,同时通过精简代码和图片优化,提升页面加载速度。

2. 项目成果

通过本项目的实施,我们成功地构建了一个既美观又功能强大的多媒体专题网站,不仅有效地传达了致敬英雄的主题,还为用户提供了一次沉浸式的浏览体验。

【考核评价】

考核点	考核标准				成绩比例(%)
	优	良	及格	不及格	
1. 在 HBuilderX 中建立项目和网页	创建项目、网页文件(包括路径、目录结构和命名)完全正确	创建项目、网页文件正确,路径、目录结构和命名基本正确	创建项目、网页文件(包括路径、目录结构和命名)基本正确	创建项目、网页文件(包括路径和命名)不正确	10

考核点	考核标准				成绩比例(%)
	优	良	及格	不及格	
2. 图片、视频素材引入项目和文本输入	图片、视频素材引入 img 和 video 文件夹正确,文本输入完整、正确	图片、视频素材引入 img 和 video 文件夹正确,或者文本输入基本正确	图片和 video 素材引入 img 文件夹部分正确,文本输入基本正确	图片素材引入 img 文件夹不正确,文本输入不完整、不正确	10
3. 头部模块制作	1. 头部图片正常显示 2. 宽度占整个浏览器宽度,无错乱	两项要求中有 1 项不够准确	两项要求中有 1 或 2 处有问题	两项要求中有 2 项不正确	15
4. 介绍模块制作	1. 文字居中,标题标签使用合理 2. 插入视频可正常播放,属性设置完全正确 3. CSS 样式设置合理,显示美观 4. 页面布局、色彩搭配和整体设计美观、专业,有助于提升内容的吸引力	四项要求中有 1 或 2 项不够准确	四项要求中有 1 或 2 处不正确	四项要求中有 3 或 4 项不正确	20
5. 主体模块	1. 标题区完整,效果符合要求,CSS 样式设置合理,无错乱 2. 内容区文字、视频、图表排版合理 3. 视频可灵活设置不同的属性,4 个子模块有差异性 4. 页面布局、整体设计美观、专业	四项要求中有 1 或 2 项不够准确	四项要求中有 1 或 2 处不正确	四项要求中有 3 或 4 项不正确	30
6. 页脚模块	1. 设置文本属性完全正确 2. 制作效果与样图完全一致	1. 设置文本属性正确 2. 制作效果与样图较一致	1. 设置文本属性基本正确 2. 制作效果与样图有一定差距	1. 设置文本属性不正确 2. 制作效果与样图不一致	10
7. 参与度	积极参与课程互动(包括签到、课堂讨论、投票等环节),效果好	较积极参与课程互动(包括签到、课堂讨论、投票等环节),效果较好	能参与课程互动(包括签到、课堂讨论、投票等环节),效果一般	不参与课程互动(包括签到、课堂讨论、投票等环节)	5

项目七 "致敬战'疫'英雄"主题页制作

项目八 "科技强国"主题展厅主题页制作

【项目介绍】

"科技强国"主题展厅主题页是一个旨在通过网页技术展现我国科技创新成果的虚拟展览项,旨在通过数字化展示平台,回顾并庆祝新中国自成立以来在科技领域取得的辉煌成就。本项目聚焦于科技人才的故事,旨在彰显创新与科技在国家发展中的关键作用,以及它们应对挑战、推动进步的重要力量。

本项目将利用 JavaScript 技术,实现多场景下的动态图片展示与切换,包括焦点图轮播、图片列表无缝滚动、表格栏图片切换等,以直观、生动的方式展现科技与军事的重大成果。学生将通过亲手设计和实现轮播图,学习和掌握 JavaScript 编程的基本原理和技巧,同时深入了解中国科技与军事的发展历程,激发民族自豪感和科技创新精神。

【知识目标】

1. 理解 JavaScript 基础知识:学生将学习变量、数据类型、条件语句、循环语句等基本概念,掌握 JavaScript 语法。

2. 掌握 DOM 操作:学会使用 JavaScript 操作网页元素,包括选择元素、修改属性和样式、事件监听等。

3. 了解轮播图原理:深入理解轮播图的工作机制,包括图片切换逻辑、定时器应用、过渡效果实现等。

【技能目标】

1. 编写 JavaScript 代码:能够独立编写 JavaScript 代码,实现网页元素的动态交互,如轮播图的自动播放和手动控制。

2. 运用定时器:掌握如何使用 JavaScript 的定时器函数(如 setTimeout 和 setInterval),实现图片的自动滚动展示。

3. 调试与优化:学会使用开发者工具调试 JavaScript 代码,优化轮播图的性能和用户体验

【素养目标】

1. 培养依据行业规范进行编码的习惯。

2. 培养团队协作能力:在项目实施过程中,学生将分组合作,培养团队协作意识,学会分工与配合。

3. 激发创新思维:鼓励学生发挥创意,设计独特的轮播图效果,提升创新思维和解决问题的能力。

4. 增强审美观:通过设计轮播图的界面和动画效果,提高学生的审美能力和设计感。

【思政目标】

1. 增强国家认同感:通过展示中国在科技与军事领域的成就,增强学生的民族自豪感和国家认同感,使其理解科技强国战略的重要性。

2. 培养家国情怀:激发学生对国家科技发展的关注,培养深厚的家国情怀,立志为国家科技进步贡献力量。

3. 弘扬科学家精神:学习和传承科学家的探索精神和创新勇气,树立正确的价值观和人生观。

1 阶段1:任务初探

1-1 【任务分析】

任务分析是网页开发的前提与基础,任务分析重点要解决"做什么",分成哪些模块,需要哪些技能点。图8-1为主题效果。

图8-1 主题页效果

(网页素材来源:1. 中国军网,2. 学习强国)

1. 准备工作与页面布局

(1)准备工作

在 HBuilderX 中建立项目，命名为 project-8，将图片素材拷贝到项目的 img 文件夹中。

具体步骤：

打开 HBuilderX 软件，新建项目。常用的方法有两种：一是利用"文件"菜单的"新建"选项中的"项目"菜单；二是在主界面中心的快捷菜单中选"新建项目"，如图 8-2 所示。

图 8-2　新建项目(1)

在弹出的对话框中，选择"普通项目"，输入项目名称为"project-8"，自定义存放的路径，在"选择模板"中选择"基本 HTML"项目，点击"创建"按钮即可，如图 8-3 所示。

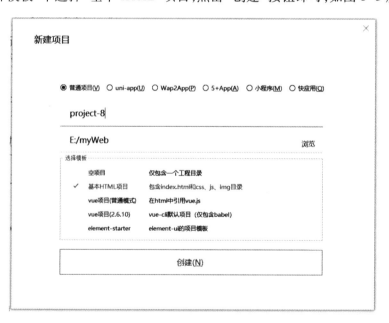

图 8-3　新建项目(2)

在左侧的任务窗格中就能看到创建好的项目文件了，如图8-4所示。

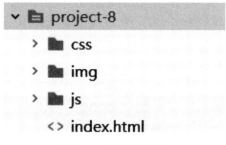

图8-4　新建项目(3)

然后将网页图片素材拷贝到"img"文件夹中，如图8-5所示。

图8-5　拷贝图片

双击"index.html"，在打开的编码区域准备书写网页代码，如图8-6所示。

图8-6　打开项目

（2）页面布局分析

根据网页效果图,可以将"科技强国"主题展厅主题页从上到下分为 6 个模块:导航栏模块、banner 模块、科技强国展厅模块、科技成就展示模块、科技兴园留言板模块和页脚模块,如图 8-7 所示。

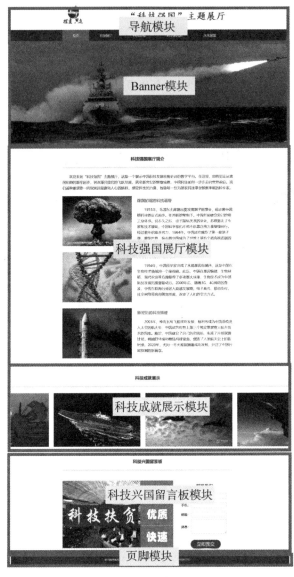

图 8-7 页面布局分析

2. 知识准备

本次主题网页的训练重点是多场景下的动态图片展示与切换,通过多个 JavaScript 功能应用,主要包括焦点图轮播、图片列表无缝滚动以及表格栏图片切换,实现了基于鼠标悬停控制的自动与手动切换机制,通过定时器控制图片的自动轮换。并采用复制元素的方法实现无缝滚动,确保滚动过程流畅自然,用定时器和事件监听实现滚动速度控制和鼠标交互响应,从而提升视觉效果和用户交互性。

（1）DOM 操作

DOM（document object model）操作是 Web 开发中非常关键的一部分,它允许 JavaScript 代码与 HTML 文档进行交互,动态地读取、修改和创建页面元素。以下是项目中一些常用的 DOM 操作方法,包括 getElementById（ ）、getElementsByTagName（ ）、className 属性,以及 scrollLeft 等方法的详细讲解。

● getElementById（ ）:该方法用于通过元素的 ID 属性来获取文档中的一个元素。因为 ID 是唯一的,所以这个方法总是返回一个单一的 DOM 节点。

语法: var element = document.getElementById（id）;

示例:

```
<div id = "myDiv">Hello World</div>
<script>
  var div = document.getElementById('myDiv');
  console.log(div.textContent); //输出 "Hello World"
</script>
```

● getElementsByTagName（ ）:该方法返回具有指定标签名称的所有元素的 NodeList 对象。NodeList 是一个类数组对象,可以像数组一样通过索引访问。

语法: var elements = document.getElementsByTagName（tagname）;

示例:

```
<div>
  <p>Paragraph 1</p>
  <p>Paragraph 2</p>
</div>
<script>
  var paragraphs = document.getElementsByTagName('p');
  for ( var i = 0; i < paragraphs.length; i++) {
    console.log( paragraphs[i].textContent);
  }
</script>
```

● className 属性:className 属性用于获取或设置元素的 class 属性值。注意,由于 class 是 JavaScript 中的保留关键字,所以在 DOM 中使用 className。

语法:var elementClass = element.className;
　　　element.className = "newClass";

示例:

```
<div class="oldClass">Some content</div>
<script>
  var div = document.getElementById('myDiv');
  div.className = "newClass";
</script>
```

● scrollLeft 和 scrollTop:scrollLeft 和 scrollTop 属性用于滚动元素。scrollLeft 表示元素左边缘与视口左边缘之间的距离,而 scrollTop 表示元素顶部边缘与视口顶部边缘之间的距离。

语法:var scrollPosition = element.scrollLeft;
　　　element.scrollLeft = pixels;

示例:

```
<div style="width: 200px; height: 200px; overflow: auto;">
  <p style="width: 400px;">Scrollable content</p>
</div>
<script>
  var div = document.getElementById('myDiv');
  div.scrollLeft = 50;
</script>
```

这些方法只是 DOM 操作的基础,JavaScript 还提供了许多其他方法和属性来帮助你更灵活地控制和操作页面元素。例如,querySelector( )和 querySelectorAll( )提供了更强大的 CSS 选择器支持,而 createElement( )和 appendChild( )则用于创建和添加新的 DOM 节点。同学们可以自己多加探索。

(2)定时器应用

JavaScript 提供了几种机制来处理定时操作,这些定时操作通常被称为"定时器"。最常见的是 setTimeout 和 setInterval 函数,它们允许你在未来的某个时间点或周期性地执行代码。以下是关于这两个函数的详细说明。

● setTimeout:setTimeout 函数用于在指定的延迟时间后执行一个函数或代码片段一次。这是创建延时效果或定时任务的常见方式。

语法:setTimeout(callback, delay[, arg1, arg2, ...]);

示例:

```
setTimeout(function() {
  console.log("Hello, world!");
}, 2000);
```

这段代码将在 2 秒后在控制台上打印 "Hello, world!"。

• setInterval:setInterval 函数用于周期性地执行一个函数,直到被清除。

语法:setInterval(callback, delay[, arg1, arg2, ...]);

与 setTimeout 类似,但 callback 将会每隔 delay 毫秒执行一次,除非被清除。

示例:

```
let count = 0;
const intervalId = setInterval(function() {
  console.log(count++);
  if (count > 4) {
    clearInterval(intervalId);
  }
}, 1000);
```

此代码将在控制台上每秒递增并打印 count 的值,直到 count 大于 4。

• 清除定时器:clearTimeout 和 clearInterval 函数用于分别取消由 setTimeout 和 se-tInterval 创建的定时器。

语法:clearTimeout(timeoutID);

　　　clearInterval(intervalID);

示例:timeoutID 和 intervalID 是由 setTimeout 和 setInterval 分别返回的定时器 ID。

示例:

```
const timeoutID = setTimeout(someFunction, 1000);
// ...
clearTimeout(timeoutID);
```

(3)事件监听

事件监听是 Web 开发中一个非常重要的概念,它允许你响应用户的动作,比如点击按钮、悬停鼠标、提交表单等。onmouseover 和 onmouseout 是两种特定类型的事件监听器,它们主要用于响应鼠标指针进入或离开 HTML 元素时发生的事件。

• onmouseover 和 onmouseout 事件

√　onmouseover:当鼠标指针移动到一个元素上时触发。

√　onmouseout:当鼠标指针从一个元素上移开时触发。

这两个事件通常用于创建动态的用户界面,比如当鼠标悬停在链接上时改变链接的样式,或者显示隐藏的信息。

示例：

假设我们有一个简单的 HTML 段落，并且想要在鼠标悬停时改变它的颜色，当鼠标离开时恢复原色。下面是如何使用 onmouseover 和 onmouseout 来实现这个功能。

```html
<! DOCTYPE html>
<html lang="en">
<head>
<meta charset="UTF-8">
<title>Mouseover and Mouseout Example</title>
<style>
    p {
        width: 200px;
        height: 100px;
        border: 1px solid black;
        text-align: center;
        line-height: 100px;
    }
</style>
<script>
    //获取段落元素
    var paragraph = document.getElementById('myParagraph');
    //添加 onmouseover 事件处理器
    paragraph.onmouseover = function() {
        this.style.backgroundColor = 'yellow'; //改变背景颜色
    };
    //添加 onmouseout 事件处理器
    paragraph.onmouseout = function() {
        this.style.backgroundColor = ''; //恢复背景颜色
    };
</script>
</head>
<body>
<p id="myParagraph">Hover over me！ </p>
</body>
</html>
```

在这个例子中，首先我们通过 document.getElementById 获取了 ID 为 myParagraph 的段落元素。其次我们为这个元素添加了 onmouseover 和 onmouseout 事件处理器。当鼠标悬停在段落上时，它的背景颜色会变成黄色；当鼠标移开时，背景颜色会被重置。

注意:

1. 事件冒泡:onmouseover 和 onmouseout 事件会遵循事件冒泡规则,这意味着如果鼠标悬停在一个子元素上,这些事件也会在父元素上触发。如果你不希望这样,可以使用 event.stopPropagation()来阻止事件冒泡。

2. 兼容性:虽然 onmouseover 和 onmouseout 在现代浏览器中普遍可用,但在某些旧版浏览器中可能需要使用其他事件(如 mouseover 和 mouseout)或使用 IE 特有的 attachEvent 方法来添加事件监听器。

3. 事件委托:在一些情况下,特别是当处理大量动态生成的元素时,可以使用事件委托来优化性能。事件委托意味着将事件监听器附加到父元素上,而不是每个子元素上。

(4)数组遍历

数组遍历是编程中一个基础但非常重要的概念,特别是在 Web 开发中,它常被用来对一系列的元素执行相同的操作,如样式更改、数据处理或状态检查。在 JavaScript 中,有多种方式可以遍历数组,包括传统的 for 循环、forEach 方法、map、filter、reduce 等。

● 使用 for 循环:这是最直接的方法,适用于任何类型的数组或类数组对象。

示例:

```
let elements = [1, 2, 3, 4, 5];
for (let i = 0; i < elements.length; i++) {
    console.log(elements[i]);
}
```

● 使用 forEach 方法:forEach 是一个数组实例方法,它可以接受一个回调函数作为参数,该函数会在数组的每一个元素上调用。

示例:

```
let elements = [1, 2, 3, 4, 5];
elements.forEach(function(element) {
    console.log(element);
});
```

此代码将在控制台上每秒递增并打印 count 的值,直到 count 大于 4。

● 遍历 DOM 元素集合:在 Web 开发中,经常需要遍历一组 DOM 元素,例如,通过类名选择的一组元素。

示例:

```
let elements = document.getElementsByClassName('myClass');
for (let i = 0; i < elements.length; i++) {
    elements[i].style.color = 'red';
}
```

假设你有一系列的 DOM 元素,你需要更改它们的背景色,同时检查每个元素的状态。

```javascript
let elements = document.getElementsByClassName('myElement');
Array.from(elements).forEach(function(element) {
    element.style.backgroundColor = 'blue';
    if (element.dataset.status === 'active') {
        console.log(`Element with ID ${element.id} is active.`);
    }
});
```

这里,Array.from 用于将 NodeList 转换成真正的数组,以便我们可以使用 forEach 方法。对于每个元素,我们更改了背景色并检查了它的状态。

数组遍历是处理数据集的基础,理解如何有效地使用不同的遍历方法可以极大地提高代码的效率和可读性。在 Web 开发中,结合 DOM 操作,这些方法可以让你轻松地对页面上的多个元素执行复杂的操作。

1-2 【任务演示】

1. 新建 css 文件

在 css 文件夹上右击鼠标,在快捷菜单中选择"新建",选择联级菜单中的"css 文件",命名为 style.css,点击"创建"按钮,如图 8-8、图 8-9 所示。

图 8-8　新建 css 文件(1)

图 8-9 新建 css 文件(2)

2. 新建 JavaScript 文件

在"js"文件夹上右击鼠标,在快捷菜单中选择"新建",选择联级菜单中的"js 文件",命名为 index.js,点击"创建"按钮,如图 8-10、图 8-11 所示。

图 8-10 新建 js 文件(1)

新建js文件 [自定义模板] ✕

index.js

E:/myWeb/project-8/js ▾ 浏览

选择模板
✓ default
jquery-3.4.1.min
zepto.min

创建(N)

没有找到想要的? 到 插件市场 看看吧

图 8-11 新建 js 文件(2)

3. 公共样式定义

设置全局通用样式,确保页面元素的一致性和简洁性。在 style.css 文件中定义公共样式,参考代码如下:

```css
CSS 代码:
@ charset "utf-8";
* {
    /* 移除所有元素的默认内外边距,列表样式,边框和背景 */
    margin: 0;
    padding: 0;
    list-style: none;
    outline: none;
    border: 0;
    background: none;
}
/* 设置 body 的字体大小和字体类型 */
body {
    font-size: 14px;
    font-family: "微软雅黑";
}
/* 定义链接的样式 */
a:link,
a:visited {
    color: #fff;
```

```
        text-decoration: none;
}
/* 鼠标悬停时链接的样式 */
a:hover {
    /* 去掉下划线的效果 */
    text-decoration: none;
}
html 代码:
<! DOCTYPE html >
<html >
<head>
 <meta charset="utf-8">
<title>"科技强国"主题展览</title>
<link href="css/style08. css" rel="stylesheet" type="text/css" />
<script type="text/javascript" src="js/js08. js"></script>
</head>
</html>
```

在 HTML 文档中通过链入式或内嵌式引入 css 文件的支持。

4. 制作导航栏模块

导航栏模块效果如图 8-12 所示。

图 8-12　导航栏模块效果

(1)效果分析

导航栏模块包含了上下两部分,分别是:头部区域,包含了左侧的 log 和右侧的主标题;导航菜单,包含了一个无序列表,列表中的每一项都是一个导航链接。

(2)编写 HTML 代码

这段代码使用了经典的布局技术(如 float 和 inline-block)来创建一个整洁、响应式的网站头部区域,包括 logo、联系信息和导航菜单。通过 CSS 的类和 ID 选择器,实现了元素的精确定位和样式控制,同时也考虑了交互效果(如鼠标悬停)。

其 HTML 参考代码如下:

```
<! --导航栏模块 -->
<! --head-->
        <div class="head">
                <div class="left"><img src="images/logo.jpg" /></div>
                <div class="right"><img src="images/phone.jpg" /></div>
        </div>
```

```
<!--nav-->
<div id="nav">
    <ul class="nav">
        <li><a href="#" class="color_in">首页</a></li>
        <li><a href="#">科技展厅</a></li>
        <li><a href="#">科技历程</a></li>
        <li><a href="#">科学家风采</a></li>
        <li><a href="#">未来展望</a></li>
    </ul>
</div>
```

（3）编写 css 代码

CSS 参考代码如下：

```
/* head */
.head {
    width: 980px;
        margin: 0 auto;
    height: 140px;
    padding-top: 20px
}
.head .left {
    float: left;
}
.head .right {
    float: right;
    padding-top: 20px
}
/* nav */
#nav {
    width: 100%;
    background: #0373b9;
}
.nav {
    width: 980px;
    height: 65px;
    line-height: 65px;
    margin: 0 auto;
    text-align: center;
```

```
        font-size: 14px;
    }
    .nav li {
        float: left;
    }
    .nav a {
        display: inline-block;
        font-size: 18px;
        padding: 0 60px;
    }
    .nav a:hover {
        background: #25abff;
    }
    .nav .color_in {
        background: #25abff;
    }
```

头部样式(.head)解读:

● 宽度设定为 980 像素,中心对齐,高度为 140 像素,顶部有 20 像素的填充。

● 内部元素分为左右两部分,左边的元素(.left)左浮动,右边的元素(.right)右浮动,且右边元素顶部有 20 像素的填充以保证与左边元素对齐。

导航栏样式(#nav 和 .nav)解读:

● 导航栏覆盖全宽,背景色为深蓝色(#0373b9)。

● 内部容器(.nav)宽度为 980 像素,高度为 65 像素,文本垂直居中,字体大小为 14 像素,水平居中。

● 导航链接(.nav a)以内联块形式显示,字体大小为 18 像素,左右各有 60 像素的填充,增加了点击区域。

● 当鼠标悬停在链接上时,链接的背景色变为亮蓝色(#25abff)。

● 特定链接可以通过添加.color_in 类直接设置背景色为亮蓝色。

1-3 【知识扩展】

导航栏设计注意事项:

1. 清晰的层级结构

一级导航应该简洁,只包含最重要的分类。

二级或三级导航可以在悬停或点击时出现,以避免导航栏过于拥挤。

考虑使用下拉菜单或侧边栏来容纳更多的导航选项。

2. 一致性

导航栏的样式在整个网站中应保持一致,避免在不同页面间有显著变化,这有助于用户建立心理模型。

确保所有链接的样式统一,包括颜色、字体大小和样式。

3. 品牌与设计

导航栏的样式应与网站的整体设计和品牌保持一致,使用品牌颜色和字体。

考虑使用 logo 作为主页的链接,这既是品牌展示也是导航的一种方式。

2 阶段2:任务进阶

2-1 【任务分析】

根据网页效果图,实现 banner 模块,完成图片的轮播,可以自动切换图片或通过鼠标的悬停进行切换。训练要点包括 JavaScript 的 DOM 操作、事件处理、数组遍历等,Banner 模块效果如图 8-13 所示。

图 8-13 Banner 模块效果

2-2 【任务实施】

实现 banner 模块

1. 编写 HTML 代码

```
        <! --banner-->
        <div class="banner">
            <ul class="banner_pic" id="banner_pic">
                <li class="current"><img class="one" src="images/01. jpg" />
</li>
                <li class="pic"><img class="one" src="images/02. jpg" /
></li>
                <li class="pic"><img class="one" src="images/03. jpg" />
</li>
            </ul>
            <ol id="button">
```

```
                <li class="current"></li>
                <li class="but"></li>
                <li class="but"></li>
            </ol>
        </div>
```

其 HTML 参考代码如下:

为了更有效地展示我国在科技领域取得的重大成就,我们采用了一种视觉冲击力强且互动性高的轮播图设计。具体而言,轮播图的主要容器由 .banner 类标识,这一设计确保了图片的流畅展示与视觉聚焦。banner_pic 类下的 <ul> 列表包含了多幅精心挑选的高清图片,每张图片都被封装在独立的 <li> 元素中。值得注意的是,其中一张图片特别标注了 .current 类,这标志着它正处于展示状态,成为观众当前的视觉中心。

2. 编写 css 代码

CSS 参考代码如下:

```
/ * banner * /
.banner {
    width: 100%;
    height: 580px;
    position: relative;
    overflow: hidden;
}
.one {
    position: absolute;
    left: 50%;
    top: 0;
    margin-left: -960px;
}
.banner .banner_pic .pic {
    display: none;
}
.banner .banner_pic .current {
    display: block;
}
.banner ol {
    position: absolute;
    left: 50%;
    top: 90%;
    margin-left: -62px;
```

```
    }
    .banner ol .but {
        float: left;
        width: 28px;
        height: 1px;
        border: 1px solid #d6d6d6;
        margin-right: 20px;
    }
    .banner ol li {
        cursor: pointer;
    }
    .banner ol .current {
        background: #90d1d5;
        float: left;
        width: 28px;
        height: 1px;
        border: 1px solid #90d1d5;
        margin-right: 20px;
    }
```

● .banner 是轮播图的容器，它占据了其父元素的全部宽度（width: 100%），并且设置了固定高度（height: 580px）。position: relative; 使内部元素可以相对于它定位，而 overflow: hidden; 确保任何超出容器的内容不会显示，这对于隐藏轮播图中未显示的图片部分很有用。

● .one 类似于一个布局调整层，使用绝对定位（position: absolute;）将元素放置在其父元素的左上角，并且通过 left: 50%; 和 margin-left: -960px; 来水平居中。这个类可能用于包含轮播图的外部元素，使其在页面上居中显示。

● .banner .banner_pic .pic 和.banner .banner_pic .current 用于控制轮播图中图片的显示。默认情况下，所有 .pic 类的元素都不可见（display: none;），但是具有 .current 类的图片将被显示（display: block;）。这样就可以通过动态添加和移除 .current 类来切换显示不同的图片。

● .banner ol 定义了轮播图下方指示器的位置，即那些小点。它们使用绝对定位（position: absolute;）并且位于轮播图底部正中央（left: 50%; 和 top: 90%;），同时向左偏移一定的距离（margin-left: -62px;）来进一步微调位置。

● 最后一段 css 定义了轮播图指示器的样式。.but 类代表普通的指示器，而 .current 类则代表当前选中的指示器。它们都是左浮动（float: left;）的，具有相同的宽度和高度（width: 28px;, height: 1px;），以及灰色的边框（border: 1px solid #d6d6d6;）。当某个指示器被选中时，它的背景颜色和边框颜色会变为蓝色（background: #90d1d5;, border:

1px solid #90d1d5；），以区分于其他未选中的指示器。

3. 编写 JavaScript 代码

JavaScript 参考代码如下：

```
window.onload = function( ) {
    //顶部的焦点图切换
    function hotChange( ) {
        var current_index = 0;
        var timer = window.setInterval( autoChange, 3000 );
        var button_li = document.getElementById( "button" ).getElementsByTagName
("li" );
            var pic _ li = document. getElementById ( " banner _ pic" ).
getElementsByTagName( "li" );
            for( var i = 0;i<button_li.length;i++) {
            button_li[ i ].onmouseover = function( ) {
                if( timer ) {
                    clearInterval( timer );
                }
                for( var j = 0;j<pic_li.length;j++) {
                    if( button_li[ j ] = = this ) {
                        current_index = j;
                        button_li[ j ].className = "current" ;
                        pic_li[ j ].className = "current" ;
                    } else {
                        pic_li[ j ].className = "pic" ;
                        button_li[ j ].className = "but" ;
                    }
                }
            }
            button_li[ i ].onmouseout = function( ) {
                timer = setInterval( autoChange,3000 );
            }
        }
    }
    function autoChange( ) {
        ++current_index;
        if ( current_index = = button_li.length ) {
            current_index = 0;
        }
```

```
        for( var i=0;i<button_li.length;i++){
            if(i==current_index){
                button_li[i].className="current";
                pic_li[i].className="current";
            }else{
                button_li[i].className="but";
                pic_li[i].className="pic";
            }
        }
    }
}
hotChange();
```

这段 JavaScript 代码实现了一个自动循环播放的轮播图功能,同时也支持用户通过鼠标悬停在指示器上来手动切换图片。

●初始化

焦点图的切换在 hotChange 函数中完成。首先进行变量的初始化。

```
function hotChange(){
    var current_index = 0; // 初始化当前显示的图片索引为0
var timer = window.setInterval(autoChange, 3000); //设定一个定时器,每3秒自动切换图片
```

●获取 DOM 元素

```
    var button_li = document.getElementById("button").getElementsByTagName
("li"); //获取所有指示器按钮
    var pic_li = document.getElementById("banner_pic").getElementsByTagName
("li"); //获取所有轮播图中的图片
```

●onmouseover 事件

```
for ( var i = 0; i < button_li.length; i++){
    button_li[i].onmouseover = function (){ //当鼠标悬停在指示器上时触发此
函数
        if (timer){
            clearInterval(timer); //清除定时器,停止自动播放
        }
        for (var j = 0; j < pic_li.length; j++){
            if (button_li[j] === this){ //找到当前鼠标悬停的指示器
```

```
                current_index = j; //更新当前图片索引
                    button_li[j].className = "current"; //将当前指示器的class
设为"current",显示高亮效果
                    pic_li[j].className = "current"; //将对应的图片class设为
"current",显示图片
                } else {
                    pic_li[j].className = "pic"; //将其他图片的class设回"pic",
隐藏图片
                    button_li[j].className = "but"; //将其他指示器的class设回
"but",取消高亮
                }
            }
        }
```

● onmouseout 事件

```
    button_li[i].onmouseout = function () { //当鼠标离开指示器时触发此函数
        timer = setInterval(autoChange, 3000); //重新设定定时器,恢复自动播放
    }
```

● 自动切换函数

```
    function autoChange() { //定义自动切换函数
        ++current_index; //图片索引加1,准备切换到下一张图片
        if (current_index === button_li.length) { //如果索引达到图片总数,重
置为0
            current_index = 0;
        }
        for (var i = 0; i < button_li.length; i++) {
            if (i === current_index) { //如果索引等于当前图片索引
                button_li[i].className = "current"; //将当前指示器设为"cur-
rent"
                pic_li[i].className = "current"; //将当前图片设为"current"
            } else {
                button_li[i].className = "but"; //将其他指示器设为"but"
                pic_li[i].className = "pic"; //将其他图片设为"pic"
            }
        }
    }
```

● 调用函数

```
hotChange( );//调用 hotChange 函数,启动轮播图
```

2-3 【知识拓展】

1. setInterval 函数

setInterval( )是 JavaScript 中的一个全局函数,用于重复执行一个函数或一段代码,直到 clearInterval( ) 被调用或窗口被关闭。在使用 setInterval 时需要注意以下三点。

(1)资源消耗

setInterval( ) 函数会持续占用系统资源,因为浏览器必须定期检查是否要执行回调函数。如果创建了多个 setInterval( ) 实例,可能会显著增加资源消耗,尤其是在长时间运行的应用中。

(2)避免同步请求

在 setInterval( ) 的回调函数中避免使用同步请求,因为这会导致浏览器挂起,直到请求完成。这可能引起浏览器卡顿,特别是在高频率的定时任务中。

(3)函数引用

setInterval( )的第一个参数可以是函数引用或一个包含函数调用的字符串。但使用函数引用通常是更好的选择,因为它避免了字符串解析的成本,并且可以避免潜在的安全问题。

2. onmouseover 和 onmouseout 事件

(1)事件冒泡

这些事件会遵循事件冒泡机制。当你将鼠标移到一个元素上时,onmouseover 事件会从最内层的子元素开始触发,一直向上冒泡到最外层的元素。同样,当你将鼠标移出一个元素时,onmouseout 事件会从最外层的元素开始触发,向下冒泡到最内层的子元素。因此,如果你在多个嵌套元素上注册了事件处理程序,可能会触发多次事件。

(2)事件委托

相对于在每个子元素上注册事件处理程序,使用事件委托可以提高性能。你可以将事件监听器放在父元素上,然后在事件处理程序中检查事件的目标元素,从而减少事件监听器的数量。

(3)兼容性

虽然 onmouseover 和 onmouseout 在现代浏览器中广泛支持,但在一些旧的或非标准的浏览器中可能需要使用 mouseover 和 mouseout 作为替代属性名。同时,使用现代的事件处理方法(如 addEventListener)可以提高跨浏览器的兼容性。

3 阶段3:任务攻坚

3-1 【任务分析】

1. 根据网页效果图,实现"科技强国展厅简介"模块,主要训练要点为 flex 布局,如图 8-14 所示。

科技强国展厅简介

欢迎来到"科技强国"主题展厅,这是一个展示中国科技发展壮丽史诗的数字平台。在这里,您将见证从建国初期的艰辛起步,到改革开放后的飞跃发展,直至新世纪的辉煌成就,中国科技如何一步步走向世界前沿。我们诚挚邀请您一同探索这段激动人心的旅程,感受科技的力量,致敬每一位为国家科技事业默默奉献的科学家。

建国初期的科技萌芽

1955年,毛泽东主席提出要发展原子能事业,标志着中国核科技的正式起步。在苏联的帮助下,中国开始建立自己的核工业体系。但不久之后,由于国际关系的变化,苏联撤走了专家和技术援助,中国科学家们不得不依靠自身力量继续前行。经过数年的艰苦努力,1964年,中国成功爆炸了第一颗原子弹,震惊世界,标志着中国成为世界上第五个拥有核武器的国家。

改革开放后的科技飞跃

1994年,中国科学家完成了水稻基因组测序,这是中国在生物技术领域的一个里程碑。此后,中国在基因编辑、生物制药、现代农业等方面取得了多项重大成果,生物技术成为中国科技发展的重要驱动力。2000年后,随着3G、4G网络的普及,中国互联网行业进入高速发展期,电子商务、移动支付、社交网络等应用蓬勃发展,改变了人们的生活方式。

新世纪的科技辉煌

2003年,神舟五号飞船成功发射,杨利伟成为中国首位进入太空的航天员,中国成为世界上第三个独立掌握载人航天技术的国家。随后,中国建立了自己的空间站,实施了月球探测计划,嫦娥四号成功着陆月球背面,创造了人类航天史上的新纪录。2020年,天问一号火星探测器成功发射,开启了中国行星探测的新篇章。

图 8-14 "科技强国展厅简介"模块样图

2. 根据网页效果图,实现"科技成就展示"模块,训练要点为使用 JavaScript 实现图片列表无缝滚动效果,图片列表自动向左滚动。当鼠标浮动到上面时,会停止滚动。如图 8-15 所示。

图 8-15 "科技成就展示"模块样图

3-2 【任务实施】

1. 实现"科技强国展厅简介"模块

该模块构建了一个关于中国科技发展历程的线上展厅,以图文并茂的形式展示了三个关键历史阶段:新中国成立初期的科技萌芽、改革开放后的科技飞跃以及新世纪的科技辉煌。

(1)编写 HTML 代码

```html
<!--科技强国展厅简介-->
<div id="hall">
    <h2>科技强国展厅简介</h2>
    <p class="txt">
        欢迎来到"科技强国"主题展厅,这是一个展示中国科技发展壮丽史诗的数字平台。在这里,您将见证从新中国成立初期的艰辛起步,到改革开放后的飞跃发展,直至新世纪的辉煌成就,中国科技如何一步步走向世界前沿。我们诚挚邀请您一同探索这段激动人心的旅程,感受科技的力量,致敬每一位为国家科技事业默默奉献的科学家。
    </p>
    <div class="item">
        <div class="image">
            <img src="images/step1.jpg" />
        </div>
        <div class="descriptions">
            <p class="title">新中国成立初期的科技萌芽</p>
            <p class="txt">1955 年,毛泽东主席提出要发展原子能事业,标志着中国核科技的正式起步。在苏联的帮助下,中国开始建立自己的核工业体系。但不久之后,由于国际关系的变化,苏联撤走了专家和技术援助,中国科学家们不得不依靠自身力量继续前行。经过数年的艰苦努力,1964 年,中国成功爆炸了第一颗原子弹,震惊世界,标志着中国成为世界上第五个拥有核武器的国家。</p>
        </div>
    </div>
    <div class="item">
        <div class="image">
            <img src="images/step2.jpg" />
        </div>
        <div class="descriptions">
            <p class="title">改革开放后的科技飞跃</p>
            <p class="txt">1994 年,中国科学家完成了水稻基因组测序,这是
```

中国在生物技术领域的一个里程碑。此后,中国在基因编辑、生物制药、现代农业等方面取得了多项重大成果,生物技术成为中国科技发展的重要驱动力。2000 年后,随着

```
3G、4G网络的普及,中国互联网行业进入高速发展期,电子商务、移动支付、社交网络
等应用蓬勃发展,改变了人们的生活方式。</p>
                </div>
            </div>
            <div class="item">
                <div class="image">
                    <img src="images/step3.jpg" />
                </div>
                <div class="descriptions">
                    <p class="title">新世纪的科技辉煌</p>
                    <p class="txt">2003年,神舟五号飞船成功发射,杨利伟成为中国
首位进入太空的航天员,中国成为世界上第三个独立掌握载人航天技术的国家。随
后,中国建立了自己的空间站,实施了月球探测计划,嫦娥四号成功着陆月球背面,创
造了人类航天史上的新纪录。2020年,天问一号火星探测器成功发射,开启了中国行
星探测的新篇章。</p>
                </div>
            </div>
        </div>
```

  "科技强国"主题展厅的展示内容,主要分为标题和展示区。下面是这两个部分的结构概括。

展厅简介:

● <h2>标签定义了主标题"科技强国展厅简介"。

● 随后的<p class="txt">标签包含了对展厅宗旨和内容的简短描述,介绍了中国科技发展从起步到辉煌的过程,并表达了对科技工作者的敬意。

历史阶段展示:

● 整个展示被分为三个不同的历史阶段,每个阶段都是由<div class="item">包裹起来的独立模块。

● 每个阶段包含:

通用样式

●#hall:设置了展厅的宽度为100%,自动居中,最大宽度限制在980px,并且确保内容不会溢出其容器边界。

●h2:定义了主标题的样式,包括加粗字体、居中文本、特定的字体大小、颜色和边框底部样式,同时上下有30px的填充和30px的外边距。

展品项样式

●.item:使用display:flex;属性来创建一个弹性布局容器,使得子元素(图片和描述)在同一行水平排列,并在列表项之间添加了30px的上下边距。

●.image img:设定图片的宽度为400px,高度自动调整,保持原始宽高比。

● .descriptions：定义了描述部分的宽度，根据图片宽度和一些固定值计算得出，左侧有 30px 的内边距，顶部有 10px 的内边距，以区分图片区域。

文字样式

● #hall .title：设置了展品标题的样式，包括字体大小、颜色、加粗和底部 20px 的边距。

● #hall .txt：规定了描述文本的样式，包括首行缩进、字体颜色、大小和行高，以增强可读性和美观度。

（2）编写 CSS 代码

```
/*科技强国展厅简介*/
#hall {
    width: 100%;
    margin: 0 auto;
    overflow: auto;
}
h2 {
    font-weight: bold;
    text-align: center;
    font-size: 24px;
    color: #585858;
    padding: 30px 0;
    border-bottom: 7px solid #ececec;
    margin: 30px 0;
}
#hall {
    max-width: 980px;
    margin: 0 auto;
}
.item {
    display: flex;
    margin: 30px 0;
}
.image img {
    width: 400px;
    height: auto;
}
.descriptions {
    width: calc(100% - 320px);
    padding: 10px 0 0 30px;
```

```
        }
    #hall .title {
        font-size: 22px;
        color: #ffa800;
        font-weight: bold;
        margin-bottom: 20px;
    }
    #hall .txt {
        text-indent: 2em;
        color: #6b6862;
        font-size: 20px;
        line-height: 32px;
    }
```

这段 CSS 代码是用来美化和布局上述 HTML 代码中"科技强国展厅简介"的样式。

通过设置响应式布局、弹性盒模型、文字格式化等,确保了"科技强国展厅简介"的网页既具有良好的视觉效果,又能够适应不同屏幕尺寸的设备,从而提供一致的用户体验。精心设计的颜色、间距和字体,增强了页面的可读性和专业感,使得信息呈现更加吸引人。

2. 实现"科技强国展厅简介"模块

该模块通过 JavaScript 展示无缝滚动的图片列表,展示我国在科技方面的成就。

(1)编写 HTML 代码

```html
<div id="show">
    <h2>科技成就展示</h2>
    <div class="imgbox" id="imgbox">
        <span>
            <a href="#"><img src="images/1.jpg" /></a>
            <a href="#"><img src="images/2.jpg" /></a>
            <a href="#"><img src="images/3.jpg" /></a>
            <a href="#"><img src="images/4.jpg" /></a>
            <a href="#"><img src="images/5.jpg" /></a>
        </span>
    </div>
</div>
```

代码解读:

外部容器:

● <div id="show">:这个 div 作为整个科技成就展示区域的外层容器,用于包裹所有子元素。

标题:

● <h2>科技成就展示</h2>:这是展示区域的标题,用来标识图片轮播的主题。

图片轮播容器:

● <div class="imgbox" id="imgbox">:此 div 作为图片轮播的主要容器,内部包含一组<span>标签,用于进一步包裹图片链接。

图片列表:

● <span>:使用<span>标签包裹图片,为了方便后续使用 JavaScript 操作和 CSS 样式调整。

● <a href="#">:每个图片都被封装在一个<a>标签中,指向#占位符链接,这通常表示图片可以点击,但实际上并未指定具体链接,可能留待后期处理或仅用于样式设置。

● <img src="images/1.jpg" />至 <img src="images/5.jpg" />:这些<img>标签分别代表了 5 张科技成就的图片,它们的源文件路径在 src 属性中指定。

(2)编写 CSS 代码

```css
.imgbox {
    width: 100%;
    padding: 0 20px;
    white-space: nowrap;
    overflow: hidden;
}


.imgbox img {
    width: 500px;
    height: 300px;
    padding: 2px;
}


.imgbox a {
    margin-right: 20px;
}
```

这些 CSS 规则共同作用,形成了一个基础的图片轮播样式,其中图片在一行内连续排列。当内容超出容器宽度时,通过隐藏溢出部分和禁止换行,从而实现了一种类似无限滚动的效果。

代码解读：

.imgbox 类样式

● 宽度与内边距：

√　width：100%;;确保.imgbox 容器占据其父元素的全部宽度,使其能够适应不同的屏幕尺寸。

√　padding: 0 20px;;在左右两侧分别添加 20px 的内边距,这样即使在屏幕边缘,图片也不会直接贴合边界,从而增加了视觉舒适度。

● 文本换行与溢出处理：

√　white-space：nowrap;;强制所有的子元素(这里是图片链接)在一行内显示,即使内容超过了容器宽度也不换行,这对于创建无缝滚动的图片流非常重要。

√　overflow：hidden;;当.imgbox 内的内容超出其宽度时,隐藏溢出的部分,配合 white-space：nowrap;,可以达到图片连续流动的效果,而不显示水平滚动条。

图片样式

● .imgbox img：

√　width：500px；height：300px;;固定图片的尺寸,使所有图片在轮播中保持一致的大小,提升视觉一致性。

√　padding：2px;;给每张图片周围添加 2px 的内边距,可以避免图片直接接触,增加一点间隔,使图片看起来更清晰。

链接样式

● .imgbox a：

√　margin-right：20px;;为每个图片链接的右侧添加 20px 的外边距,这有助于在图片之间创建一定的间隔,提高轮播的视觉效果,同时也便于鼠标悬停时的识别。

不过,要实现真正的无缝滚动和交互功能,通常还需要 JavaScript 来控制图片的动态更新和响应用户操作。

(3)编写 JavaScript 代码

```
//展厅图片列表展示
    function scroll( ){
        //定义滚动速度
        var speed = 50;
        //获取<div id="imgbox">元素
        var imgbox = document.getElementById("imgbox");
        //复制一个<span>,用于无缝滚动
        imgbox.innerHTML += imgbox.innerHTML;
        //获取两个<span>元素
        var span = imgbox.getElementsByTagName("span");
        //启动定时器,调用滚动函数
        var timer1 = window.setInterval(marquee,speed);
```

```
            //鼠标移入时暂停滚动,移出时继续滚动
            imgbox.onmouseover = function( ){
                clearInterval(timer1);
            }
            imgbox.onmouseout = function( ){
                timer1 = setInterval(marquee, speed);
            };
            //滚动函数
            function marquee( ){
                //当第1个<span>被完全卷出时
                if(imgbox.scrollLeft > span[0].offsetWidth){
                    //将被卷起的内容归0
                    imgbox.scrollLeft = 0;
                }else{
                    //否则向左滚动
                    ++imgbox.scrollLeft;
                }
            }
        }
        scroll( );
```

代码解读:

初始化

所有的滚动操作都在 scrol 函数中完成。默认每 50 毫秒滚动一次。注意,后面的代码添加在 scroll 函数中。

```
function scroll( ) {
    //滚动速度,单位是毫秒,这里设置为每50毫秒滚动一次
    var speed = 50;
}
```

获取 DOM 元素

为了进行图片的滚动,需要先获取 HTML 页面元素,通过对 imbox 的内容进行拼接,形成两个图片列表,从而实现无缝滚动的效果。

```
        //获取id为"imgbox"的div元素,这个div内部包含要滚动的图片
        var imgbox = document.getElementById("imgbox");
```

```
        //复制 div 内的内容,这是为了实现无缝滚动,即当内容滚动到末尾时,能立
刻从开头重新开始
        imgbox.innerHTML += imgbox.innerHTML;

        //获取所有的<span>元素,由于之前复制了内容,所以会得到两个<span>
        var span = imgbox.getElementsByTagName("span");
```

启动定时器

无缝滚动技术常用于实现图片或内容的平滑、不间断滚动,为了达到这一效果,定时器的设置是关键。这里有两种主要的启动策略来管理这一过程。

● 直接启动方式:

在页面加载完毕或特定条件满足时,直接通过函数调用来启动定时器,从而开始图片或内容的自动滚动。这种方式适用于无须用户即时交互的情况,保证滚动的连续性和自动化。

● 交互控制方式:

这种方式依赖于用户的实时行为来动态控制滚动。当用户的鼠标悬停在滚动区域时,系统会检测到这一行为并立即停止滚动(即清除定时器)。一旦鼠标移开,滚动则自动恢复(重新启动定时器)。这种方式增强了用户体验,允许用户在需要时暂停滚动以仔细查看内容,然后在准备就绪后让滚动继续。

```
        //启动定时器,调用滚动函数
        var timer1 = window.setInterval(marquee,speed);

        //鼠标移入时暂停滚动,移出时继续滚动
        imgbox.onmouseover = function(){
            clearInterval(timer1);
        }
        imgbox.onmouseout = function(){
            timer1 = setInterval(marquee,speed);
        };
```

滚动函数

通过比较 imgbox 元素的 scrollLeft 值与第一个<span>元素的 offsetWidth(宽度),来判断滚动是否到达了底部。如果 imgbox.scrollLeft 大于 span[0].offsetWidth,这意味着内容已经滚动到了末尾:函数将 imgbox.scrollLeft 重置为 0,从而实现从头开始滚动,达到无缝滚动的效果。否则,表示内容尚未滚到底部:函数将 imgbox.scrollLeft 值递增 1,模拟内容从左向右的滚动效果。

```
        //滚动函数,控制图片的滚动
        function marquee( ) {
                //当imgbox的scrollLeft值大于第一个<span>的宽度时,表示内容已经滚
到底部
                if (imgbox.scrollLeft > span[0].offsetWidth) {
                        //将scrollLeft值重置为0,实现无缝滚动
                        imgbox.scrollLeft = 0;
                } else {
                        //否则,每次调用时scrollLeft值加1,实现从左向右滚动的效果
                        ++imgbox.scrollLeft;
                }
        }
}
```

调用函数

```
function scroll( ) {
    ....
}
scroll( );
```

3-3 【知识拓展】

1. Flex 布局

Flex 布局(Flexible Box Layout)是CSS3中的一种布局模式,旨在提供一种更有效的方式来对齐和分布页面上的元素,尤其是当页面需要在不同的设备和屏幕尺寸上保持良好的响应式设计时。

Flex 布局的主要优势在于它允许元素根据容器的大小自动调整其尺寸,并且能够轻易地实现元素的对齐和排序,这在传统的流体布局或固定布局中很难实现。

(1)Flex 容器和项目

● Flex 容器:任何元素可以通过设置 display:flex 或 display:inline-flex 成为一个 Flex 容器。inline-flex 会创建一个内联级别的 Flex 容器。

● Flex 项目:Flex 容器内的直接子元素被称为 Flex 项目。

(2)Flex 布局的方向

Flex 布局有主轴(main axis)和交叉轴(cross axis)两个概念。

● 主轴:由 flex-direction 属性决定,可以是水平方向(row 或 row-reverse)或垂直方向(column 或 column-reverse)。

● 交叉轴:与主轴垂直的方向。

（3）Flex 容器的属性

● flex-direction：决定主轴的方向。

∨ row：默认值，主轴从左到右。

∨ row-reverse：主轴从右到左。

∨ column：主轴从上到下。

∨ column-reverse：主轴从下到上。

● flex-wrap：决定 Flex 项目是否换行以及换行的方向。

∨ nowrap：默认值，不换行。

∨ wrap：当空间不足时，项目换行显示。

∨ wrap-reverse：当空间不足时，项目换行显示，但方向相反。

● justify-content：在主轴上对齐 Flex 项目。

∨ flex-start：默认值，项目靠向主轴开始位置。

∨ flex-end：项目靠向主轴结束位置。

∨ center：项目居中于主轴。

∨ space-between：项目等间距分布，两端不留空隙。

∨ space-around：项目等间距分布，包括两端。

● align-items：在交叉轴上对齐 Flex 项目。

∨ stretch：默认值，拉伸项目以填充容器（如果有定义高度）。

∨ flex-start：靠近交叉轴的开始位置。

∨ flex-end：靠近交叉轴的结束位置。

∨ center：居中于交叉轴。

∨ baseline：对齐元素基线。

● align-content：当 Flex 容器有多行时，在交叉轴上对齐这些行。

∨ stretch：默认值，拉伸每行之间的空间。

∨ flex-start：所有行靠向交叉轴的开始位置。

∨ flex-end：所有行靠向交叉轴的结束位置。

∨ center：所有行居中于交叉轴。

∨ space-between：行之间等间距分布，两端不留空隙。

∨ space-around：行之间等间距分布，包括两端。

（4）Flex 项目的属性

● flex：综合控制 Flex 项目的增长、缩小和基础大小。

∨ flex-grow：控制项目在剩余空间中的扩展比例。

∨ flex-shrink：控制项目在空间不足时的缩小比例。

∨ flex-basis：项目的初始大小。

● order：控制 Flex 项目的排序顺序。

● align-self：允许单个项目覆盖容器的 align-items 属性。

2. Flex 布局示例

（1）垂直居中对齐

在这个示例中，我们将创建一个水平排列的布局，其中包含三个项目，它们在容器中平均分布。

HTML 参考代码如下：

```html
<div class="container">
  <div class="item">Item 1</div>
  <div class="item">Item 2</div>
  <div class="item">Item 3</div>
</div>
```

CSS 参考代码如下：

```css
.container {
  display: flex;
  justify-content: space-between;
}


.item {
  flex: 1;
  background-color: #f0f0f0;
  padding: 20px;
  margin: 10px;
}
```

（2）垂直居中对齐

在这个示例中，我们将创建一个布局，其中包含一个垂直居中的项目。

HTML 参考代码如下：

```html
<div class="container">
  <div class="item">Item</div>
</div>
```

CSS 参考代码如下：

```css
.container {
  display: flex;
  justify-content: center;
  align-items: center;
  height: 100vh; /* 使用视口单位使容器填满整个视口高度 */
```

```
        }

    .item {
        background-color: #f0f0f0;
        padding: 20px;
    }
```

(3)百分比宽度布局

在这个示例中,我们将创建一个布局,其中一个项目占据50%的宽度,而其他项目则平均分配剩余的空间。

HTML 参考代码如下:

```
<div class="container">
    <div class="item item-50">50%</div>
    <div class="item">Auto</div>
    <div class="item">Auto</div>
</div>
```

CSS 参考代码如下:

```
.container {
    display: flex;
}

.item {
    background-color: #f0f0f0;
    padding: 20px;
    margin: 10px;
}

.item-50 {
    flex: 0 0 50%;
}
```

(4)多列布局

在这个示例中,我们将创建一个具有两列的响应式布局,其中第一列固定宽度,第二列自适应剩余空间。

HTML 参考代码如下:

```
<div class="container">
    <div class="item fixed">Fixed Width</div>
```

```
      <div class="item fluid">Fluid Width</div>
    </div>
```

CSS 参考代码如下:

```
.container {
    display: flex;
}

.item {
    background-color: #f0f0f0;
    padding: 20px;
    margin: 10px;
}

.fixed {
    width: 200px; /* 固定宽度 */
}

.fluid {
    flex: 1; /* 自适应剩余空间 */
}
```

4 阶段4:任务拓展

4-1 【任务分析】

1. 根据网页效果图,实现"科技兴国留言板"模块,训练要点为 flex 布局,如图 8-17 所示。

图 8-17 "科技兴国留言板"模块样图

2. 根据网页效果图,实现“页脚”模块,如图 8-18 所示。

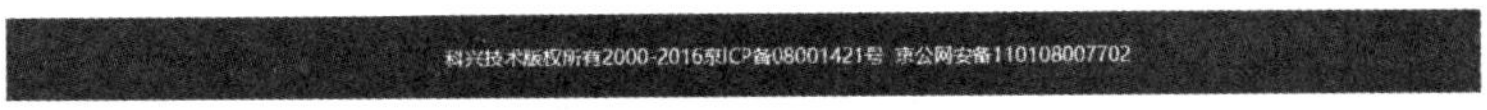
科兴技术版权所有2000-2016京ICP备08001421号 京公网安备110108007702

图 8-18 “页脚”模块样图

4-2 【任务实施】

1. 实现“科技兴国留言板”模块

这个模块的设计融合了图片展示和用户交互功能,旨在提供一种动态且互动的方式来呈现科技在不同领域的影响,同时收集用户反馈。

左侧部分通过表格栏的形式展示了“科技扶贫”“智慧农业”和“科技创新”三个主题的图片。这种设计让用户能够直观地了解科技在这些领域的作用和成果。当鼠标悬浮在对应的文字标签上时,图片会进行切换,展示与该标签相关的图片内容。这种交互方式增加了用户的参与感,同时也便于快速获取信息。

右侧的留言板允许用户留下他们的联系方式和建议,这是一种有效的用户反馈收集机制,可以帮助网站运营者了解用户需求,提升服务质量。

(1)编写 HTML 代码

```
<! --科技兴国留言板-->
        <div id="features">
            <h2>科技兴国留言板</h2>
            <div class="list0">
                <div id="SwitchBigPic">
                      <span class="sp"><a href="#"><img src="images/
111.jpg" /></a></span>
                    <span><a href="#"><img src="images/222.jpg" /></a>
</span>
                    <span><a href="#"><img src="images/333.jpg" /></a>
</span>
                </div>
                <ul id="SwitchNav">
                    <li><a class="txt_img1" href="#"></a></li>
                    <li><a class="txt_img2" href="#"></a></li>
                    <li><a class="txt_img3" href="#"></a></li>
                </ul>
            </div>
            <div class="list1">
            <h3>联系我们</h3>
            <form action="#" method="post" class="biaodan">
                <table class="content">
```

```
            <tr>
                <td class="left">姓名:</td>
                <td><input type="text" class="txt01" /></td>
            </tr>
            <tr>
                <td class="left">手机:</td>
                <td><input type="text" class="txt01" /></td>
            </tr>
            <tr>
                <td class="left">邮箱:</td>
                <td><input type="text" class="txt01" /></td>
            </tr>
            <tr>
                <td class="left">消息:</td>
                <td>
                    <textarea class="course"></textarea>
                </td>
            </tr>
            <tr>
                <td colspan="2"><input class="no_border" type=
"button" /></td>
            </tr>
        </table>
    </form>
</div>
</div>
```

"科技兴国留言板"的展示内容,主要分为左侧图片展示和右侧留言板。下面是这两个部分的结构概括。

左侧图片展示

这部分代码位于 <div class="list0"> 中,主要负责展示三组图片,用户可以通过鼠标悬浮在下方的导航链接上进行图片的切换。

● 图片容器:<div id="SwitchBigPic"> 包含了三张图片,每张图片都在 <span> 标签内,使用 <a> 标签作为包裹,方便后续添加链接或事件处理。

<span class="sp"><a href="#"><img src="images/111.jpg" /></a></span>

<span><a href="#"><img src="images/222.jpg" /></a></span>

<span><a href="#"><img src="images/333.jpg" /></a></span>

● 导航链接:<ul id="SwitchNav"> 列出了三个链接,每个链接的类名暗示了它们与图片的关联,如 .txt_img1、.txt_img2 和 .txt_img3。当鼠标悬浮在这些链接上时,应该会触

发图片的切换。

右侧留言板

• 标题:<h3>联系我们</h3> 用于标题展示,告知用户这是留言板区域。

• 表单结构:使用 <form> 标签构建,包含一个表格 <table>,用于组织表单项。

<tr>定义了表格的行。

<td class="left">用于显示表单项的标签,如"姓名""手机""邮箱""消息"。

<input type="text">和 <textarea> 分别用于输入文本和长文本消息。

<input class="no_border" type="submit"> 用于提交按钮,当用户点击时,表单会尝试提交数据。

(2)编写 CSS 代码

```
/*科技兴国留言板*/
#features {
    width: 980px;
    height: 565px;
    margin: 0 auto;
}
/* Table 切换 */
.list0 {
    width: 638px;
    margin-top: 25px;
    float: left;
    position: relative;
}
#SwitchBigPic {
    border: 1px solid #ddd;
}
#SwitchBigPic span {
    display: none;
}
#SwitchBigPic img {
    width: 448px;
    height: 375px;
}
#SwitchBigPic .sp {
    display: block;
}
#SwitchNav {
    width: 190px;
```

```css
        position: absolute;
        top: 0px;
        left: 447px;
}
#SwitchNav li {
        width: 190px;
        height: 125px;
        margin-bottom: 1px;
}
#SwitchNav a {
        display: block;
        width: 190px;
        height: 125px;
        background: url(../images/txt_111_1.jpg) no-repeat;
}
#SwitchNav .txt_img2 {
        background: url(../images/txt_222_2.jpg) no-repeat;
}
#SwitchNav .txt_img3 {
        background: url(../images/txt_333_3.jpg) no-repeat;
}
#SwitchNav .txt_img1:hover {
        background: url(../images/txt_111.jpg) no-repeat;
}
#SwitchNav .txt_img2:hover {
        background: url(../images/txt_222.jpg) no-repeat;
}
#SwitchNav .txt_img3:hover {
        background: url(../images/txt_333.jpg) no-repeat;
}
.list1 {
        width: 326px;
        height: 375px;
        float: right;
        margin-top: 25px;
}
.list1 h3 {
        /* width:326px;
```

```
        height:74px;
        background:url(../images/zhuce.jpg) no-repeat; */
        text-align: center;
        height: 60px;
        line-height: 60px;
        font-size: 24px;
        color: #777;
}
.list1 .biaodan {
        width: 326px;
        height: 200px;
}
.left {
        width: 80px;
        text-align: right;
        font-size: 18px;
}
tr {
        height: 50px;

}

td {
        text-align: center;
}
```

整体模块样式

● #features:设置了模块的宽度、高度和居中布局,确保模块在页面上的位置和大小。

图片展示区样式

● .list0:定义了图片展示区的基本样式,包括宽度、边距、浮动和相对定位,确保其位于页面左边。

● #SwitchBigPic:设置了图片容器的边框样式。

√ #SwitchBigPic span:默认隐藏所有 <span> 元素内的图片,只显示具有 .sp 类的图片。

√ #SwitchBigPic img:设定了图片的尺寸。

√ #SwitchBigPic .sp:显示默认图片。

● #SwitchNav:定位导航链接的位置,使其在图片的右侧。

√ #SwitchNav li:设置了导航链接的宽度、高度和底部边距。

√ #SwitchNav a:定义了链接的尺寸和背景,使用不同图片作为背景,创建了独特的视觉效果。

√ #SwitchNav .txt_img1, #SwitchNav .txt_img2, #SwitchNav .txt_img3:分别定义了三个导航链接的不同背景。

√ #SwitchNav .txt_img1:hover, #SwitchNav .txt_img2:hover, #SwitchNav .txt_img3:hover:当鼠标悬浮在链接上时,更换背景图片,实现图片切换的视觉效果。

留言板样式

● .list1:设置了留言板的宽度、高度、浮动和边距,确保其位于页面右边。

√ .list1 h3:设置了标题的样式,包括文本对齐、高度、字体大小和颜色。

√ .list1 .biaodan:定义了表单的尺寸。

√ .left:控制表单中标签的样式,如宽度、文本对齐和字体大小。

√ tr:设置了表格行的高度。

√ td:控制表格单元格的文本对齐方式。

总体来说,这段 CSS 代码通过精细的布局和样式控制,实现了图片展示区的图片切换效果和留言板的美观布局,提高了模块的视觉吸引力和用户体验。

(3)编写 JavaScript 代码

```
function tableChange( ) {
        //Table 栏
        //获得#SwitchNav 中所有的<li>元素
         var lis = document. getElementById ( " SwitchNav " ). getElementsByTagName
("li" ) ;
        //获得#SwitchBigPic 中所有的<a>元素
         var spans = document.getElementById ( " SwitchBigPic " ) . getElementsByTagName
( " span " ) ;
        //保存当前焦点元素的索引
        var current_index = 0 ;
        //启动定时器
        var timer = setInterval( autoChange ,3000 ) ;
        //遍历 lis,为各<li>元素添加事件
        for( var i = 0 ;i<lis.length ;i++ ) {
            //<li>的鼠标移入事件
            lis[ i ].onmouseover = function( ) {
                //定时器存在时清除定时器
                if( timer ) {
                    clearInterval( timer ) ;
                }
                //遍历 lis
                for( var i = 0 ;i<lis.length ;i++ ) {
```

```
                        //设置当前焦点元素的样式
                        if(lis[i]==this){
                                spans[i].className = "sp";
                                //保存当前索引,当恢复自动切换时继续切换
                                current_index = i;
                        //设置非当前焦点元素的样式
                        }else{
                                spans[i].className = "";
                        }
                    }
                }
                //<li>的鼠标移出事件
                lis[i].onmouseout = function(){
                    //启动定时器,恢复图片自动切换
                    timer = setInterval(autoChange,3000);
                }
            }
            //定时器周期函数-图片自动切换
            function autoChange(){
                //自增索引
                ++current_index;
                //当索引自增达到上限时,索引归0
                if (current_index == lis.length) {
                    current_index=0;
                }
                //遍历lis,将所有元素取消焦点样式
                for (var i=0; i<lis.length; i++) {
                    spans[i].className = "";
                }
                //为当前索引元素添加焦点样式
                spans[current_index].className = "sp";
            }
        }
        tableChange();
```

初始化与变量声明

图片切换在 tableChange 中完成,默认每 3 秒自动切换一次。首先获取所有的导航 li 元素和图片展示的元素 span,并创建定时器。

```
    function tableChange() {
        //获得#SwitchNav 中所有的<li>元素
        var lis = document.getElementById("SwitchNav").getElementsByTagName
("li");
        //获得#SwitchBigPic 中所有的<a>元素(实际为包含图片的<span>元素)
        var spans = document.getElementById("SwitchBigPic").getElementsByTagName
("span");
        //保存当前焦点元素的索引
        var current_index = 0;
        //启动定时器,每3秒调用 autoChange 函数
        var timer = setInterval(autoChange, 3000);
```

添加鼠标事件监听器

当鼠标移入导航的 li 元素(右侧导航文字)时,清除定时器,并设置对应的图片可见。当鼠标移出时,重新启动定时器。

```
        //遍历 lis,为各<li>元素添加事件
        for (var i = 0; i < lis.length; i++) {
            // <li>的鼠标移入事件
            lis[i].onmouseover = function () {
                //定时器存在时清除定时器,停止自动轮播
                if (timer) {
                    clearInterval(timer);
                }
                //遍历 lis,设置当前焦点元素和非焦点元素的样式
                for (var i = 0; i < lis.length; i++) {
                    if (lis[i] === this) {
                        spans[i].className = "sp";
                        current_index = i;
                    } else {
                        spans[i].className = "";
                    }
                }
            }
            // <li>的鼠标移出事件
            lis[i].onmouseout = function () {
                //启动定时器,恢复图片自动切换
                timer = setInterval(autoChange, 3000);
            }
        }
```

自动切换图片函数

```
            //定时器周期函数-图片自动切换
      function autoChange( ) {
            //自增索引
            ++current_index;
            //当索引自增达到上限时,索引归0,实现循环播放
            if ( current_index = = = lis.length ) {
                current_index = 0;
            }
            //遍历 lis,将所有元素取消焦点样式
            for ( var i = 0; i < lis.length; i++ ) {
                spans[i].className = " ";
            }
            //为当前索引元素添加焦点样式,显示图片
            spans[ current_index ].className = "sp";
      }
}
```

调用函数

```
  tableChange( );
```

2. 实现"页脚"模块

该模块展示版权等信息,通过 HTML 和 CSS 代码实现。

(1)编写 HTML 代码

```
  <! --footer-->
          <div class=" footer" >科兴技术版权所有 2000-2016 京 ICP 备 08001421
号   京公网安备 110108007702</div>
  /* footer */
  .footer {
      width: 100%;
      height: 60px;
      line-height: 60px;
      text-align: center;
      background: #0373b9;
      color: #FFF;
  }
```

（2）编写 CSS 代码

页面脚部的代码相对简单,请同学们根据前期学习过的内容及示例代码自行完成。

4-3 【知识扩展】

制作轮播图或图片自动切换类效果的注意事项。

1. 图片尺寸和质量

统一尺寸:确保所有图片尺寸一致,避免因图片大小不一造成的布局问题。

优化质量:图片应足够清晰,但同时要压缩至合理的大小,以减少加载时间。

2. 用户交互

控制按钮:提供前进和后退按钮,让用户能够手动控制图片切换。

自动播放:图片可以自动切换,但最好提供选项让用户可以关闭自动播放。

过渡效果:平滑的过渡效果(如淡入淡出)可以使轮播看起来更加专业和流畅。

3. 内容与设计

背景与主题:图片的背景应当整洁,与主题相关,避免杂乱无章。

文本与图片的结合:如果图片上有文本,确保文本清晰可读,且与图片内容相协调。

4. SEO 优化

Alt 标签:为每张图片添加描述性的 Alt 属性,这不仅有助于搜索引擎优化,也是无障碍设计的一部分。

标题一致性:图片标题、描述和网页内容应保持一致,增强 SEO 效果。

在技术层面,采用精炼的代码与成熟框架(如 jQuery、Swiper 或 Slick 等)能显著简化轮播图的构建与后续维护工作,确保开发流程更为高效流畅。本项目中,我们采取了原生 JavaScript 来实现轮播图功能,不过,鼓励各位同学勇于探索,尝试运用不同的前端框架进行实践,以此拓宽技能边界并深化理解。

遵循上述设计与实现原则,不仅能够缔造出兼具美学与实用性的轮播图,还能进一步增强网站的视觉吸引力和用户互动体验。优秀的轮播图设计不仅需要关注技术实现,还需要注重用户体验的优化,确保内容加载迅速、操作直观,从而有效提升用户满意度与网站的整体质量。

5 阶段 5:项目总结

"科技强国"主题展览网站是一个综合性的线上平台,旨在展示中国科技发展历程、重要成就以及对未来科技的展望。网站采用 HTML、CSS 和 JavaScript 技术,构建了多个功能模块,包括焦点图轮播、科技成就展示、科技历程介绍、留言板等,旨在提供一个互动性强、信息丰富的在线展览体验。

1. 主要功能模块

（1）焦点图轮播:首页顶部的焦点图轮播模块,通过自动和手动切换功能,展示精选的科技主题图片,以吸引用户注意并引导浏览。

（2）科技历程与展厅简介：详细介绍中国科技从新中国成立初期至今的发展历程，分为新中国成立初期的科技萌芽、改革开放后的科技飞跃、新世纪的科技辉煌三个阶段，配以历史图片和翔实的叙述，展现科技发展的脉络。

（3）科技成就展示：展示中国在科技领域取得的重大成就，如航天、军事、信息技术等，通过图片和简短描述，让访客快速了解中国科技的发展亮点。

（4）科技兴国留言板：提供用户留言功能，包括姓名、手机、邮箱和留言内容的填写，便于用户反馈意见和建议，增强网站的互动性。

2. 技术实现

（1）焦点图轮播

• 使用 JavaScript 监听鼠标悬停事件，控制轮播图的自动播放与暂停。

• 通过修改类名实现图片切换的动画效果，利用 CSS 中的 transition 属性平滑过渡。

• 设计了底部指示器，用户可通过点击指示器手动切换图片。

（2）科技历程与展厅简介

• 采用响应式设计，确保内容在不同设备上都能良好展示。

• 文字内容与相关图片相结合，提供丰富的视觉和阅读体验。

• JavaScript 用于动态加载内容，减少页面刷新，提升浏览效率。

（3）科技成就展示

• 采用了图片和文本结合的方式，展示科技成就，每张图片都配有简短的说明文字。

• 利用 JavaScript 实现了图片列表的无缝滚动，提高展示效率，减少加载时间。

（4）科技兴国留言板

• 表单使用 HTML 的<form>标签构建，包含文本输入框和文本区域，用于收集用户信息和留言。

• JavaScript 用于表单验证，确保用户输入的数据格式正确，如邮箱格式、必填项检查等。

3. 实践项目总结

通过"科技强国"展厅训练项目，各小组积极进行项目总结并总结经验教训。总结中可以包括遇到的问题及解决方法、优化经验、实现效果的心得体会等。这有助于加深对 JavaScript 的理解，在今后的前端开发工作中更高效地应用 JavaScript 的相关知识。

【考核评价】

考核点	考核标准				成绩比例（%）
	优	良	及格	不及格	
1. 在 HBuilderX 中建立项目和网页	创建项目、网页文件（包括路径、目录结构和命名）完全正确	创建项目、网页文件正确，路径、目录结构和命名基本正确	创建项目、网页文件（包括路径、目录结构和命名）基本正确	创建项目、网页文件（包括路径和命名）不正确	10

考核点	考核标准				成绩比例（%）
	优	良	及格	不及格	
2. 图片素材引入项目和文本输入	图片素材引入img文件夹正确,文本输入完整、正确	图片素材引入img文件夹正确,或者文本输入基本正确	图片素材引入img文件夹基本正确,文本输入基本正确	图片素材引入img文件夹不正确,文本输入不完整、不正确	10
3. 导航模块制作	1. HTML结构完全正确 2. CSS文件路径和命名正确 3. CSS选择器命名规范 4. CSS样式设置完全正确 4. 实现效果与样图完全一致	四项要求中有1或2项不够准确	四项要求中有1或2处不正确或者2或3项不准确	四项要求中有3或4项不正确	10
4. Banner模块制作	1. HTML结构完全正确 2. CSS样式效果好,命名规范 3. JavaScript代码正确,能进行图片轮播 4. 制作效果与样图完全一致	四项要求中有1或2项不够准确	四项要求中有1或2处不正确或者2或3项不准确	四项要求中有3或4项不正确	15
5. "科技强国展厅"模块	1. HTML结构完全正确 2. CSS选择器命名规范正确 3. CSS样式设置完全正确 5. 制作效果与样图完全一致	四项要求中有1或2项不够准确	四项要求中有1或2处不正确或者2或3项不准确	四项要求中有3或4项不正确	10
6. "科技成果展示"模块	1. HTML结构完全正确 2. CSS选择器命名规范正确 3. CSS样式设置完全正确 4. JavaScript代码正确,能进行图片无缝滚动 5. 制作效果与样图完全一致	五项要求中有1或2项不够准确	五项要求中有1或2处不正确或者2或3项不准确	五项要求中有3或4项不正确	20

考核点	考核标准				成绩比例（%）
	优	良	及格	不及格	
7."科技兴国留言板"和页脚模块	1. HTML 结构完全正确 2. CSS 选择器命名规范正确 3. CSS 样式设置完全正确 4. JavaScript 代码正确 5. 制作效果与样图完全一致	五项要求中有 1 或 2 项不够准确	五项要求中有 1 或 2 处不正确或者 2 或 3 项不准确	五项要求中有 3 或 4 项不正确	20
8. 参与度	积极参与课程互动（包括签到、课堂讨论、投票等环节），效果好	较积极参与课程互动（包括签到、课堂讨论、投票等环节），效果较好	能参与课程互动（包括签到、课堂讨论、投票等环节），效果一般	不参与课程互动（包括签到、课堂讨论、投票等环节）	5

参考文献

［1］黑马程序员.HTML5+CSS3 网页设计与制作［M］.北京:人民邮电出版社,2020.

［2］黑马程序员.HTML+CSS+JavaScript 网页制作案例教程［M］.2 版.北京:人民邮电出版社,2021.

［3］吴丰.HTML5+CSS3 Web 前端设计基础教程(微课版)［M］.3 版.北京:人民邮电出版社,2024.

［4］赵丰年.网页设计与制作(HTML5+CSS3+JavaScript)(微课版)［M］.5 版.北京:人民邮电出版社,2024.

网页设计与制作项目化实训教程